Nuria García Martínez

La alcachofa. Composición química y características agronómicas

Nuria García Martínez

La alcachofa. Composición química y características agronómicas

Una hortaliza muy saludable que se produce en los campos españoles

PUBLICIA

Imprint

Cover image: www.ingimage.com

Publisher:
PUBLICIA
is a trademark of
International Book Market Service Ltd., member of OmniScriptum Publishing Group
17 Meldrum Street, Beau Bassin 71504, Mauritius

Printed at: see last page
ISBN: 978-3-639-55314-7

ÍNDICE DE CONTENIDO

ACRÓNIMOS Y ABREVIATURAS

AA: ácido ascórbico

ADHA: ácido dehidroascórbico

ADV: Artichoke Degeneration Virus

ALV: Artichoke Latent Virus

CARM: Comunidad Autónoma de la Región de Murcia

FAO: Food and Agriculture Organization of the United Nations

GA3: ácido giberélico

INE: Instituto Nacional de Estadistica

LMRs: límites máximos de residuos

MAGRAMA: Ministerio de Agricultura, Alimentación y Medio Ambiente

POD: peroxidasa

PPO: polifenol oxidasa

TSWV: Tomato Spotted Wild Virus

U.F: unidades fertilizantes

USDA: United States Department of Agriculture

La alcachofa es una hortaliza realmente beneficiosa para nuestro organismo; es diurética, hepatoregenerativa, ayuda a controlar los niveles de colesterol y azúcar, tiene efecto prebiótico y es anticancerígena. Todas estas propiedades son consecuencia de su composición química, rica en compuestos fenólicos con acción antioxidante, un elevado contenido en minerales, vitaminas e inulina. Además de su importancia desde el punto de vista nutricional, este cultivo tradicional de la cuenca Mediterránea genera grandes beneficios económicos para España. Nuestro país es el tercer productor mundial y principal exportador de esta hortaliza.

La Región de Murcia es una de las zonas productoras de alcachofa más importantes en el mundo, destacando como predominante la variedad "Blanca de Tudela". Debido a la globalización de los mercados y la gran competencia que esta situación implica, los productores de esta hortaliza deben adaptarse a las demandas de aquellos países que son grandes consumidores y, por lo tanto, mercados en los que hay que competir con el resto de la producción mundial. Para ello, la introducción de nuevas variedades adaptadas al comercio estatal e intracomunitario son alternativas a considerar. Se trata de variedades no muy conocidas por el consumidor español, pero muy apreciadas por países como Francia e Italia. Sus características agronómicas y morfológicas varían con el genotipo, pudiendo encontrar variedades de color morado, con espinas, y de gran tamaño, que poco tienen que ver con la conocida "Blanca de Tudela".

El cultivo de este vegetal se concentra en áreas de la cuenca Mediterránea como consecuencia de las características climáticas. Las alcachofas requieren climas suaves y templados para desarrollarse, no soportan el frío intenso ni el exceso de calor. Además, para el cultivo de la alcachofa se deben tener en cuenta otros muchos factores como la tipología de reproducción, características del suelo de cultivo, necesidades hídricas y nutricionales de la planta, plagas y enfermedades, entre otros muchos parámetros agronómicos.

En esta obra se recogen aspectos generales de este vegetal, como su origen y taxonomía; así como su composición química y el efecto beneficioso que tiene el consumo de alcachofa sobre el organismo. Además, se describen algunas de las variedades de alcachofa más consumidas en el mundo. Por último, se detallan las características y tipologías de reproducción y cultivo de esta hortaliza.

1. Origen y domesticación de la alcachofa

La especie *Cynara cardunculus* está formada por tres subespecies principales pertenecientes a la familia de las *Asteraceae*: el cardo silvestre *Cynara cardunculus* L. var. *sylvestris* (Lamk) Fiori, la alcachofa cultivada *Cynara cardunculus* var. *scolymus* L. Fiori y el cardo cultivado *Cynara cardunculus* var. *altilis* DC (Basnizki y Zohary, 1994; Rottenberg y Zohary, 1996; Rottenberg y Zohary, 2005; Sonnante y col., 2007).

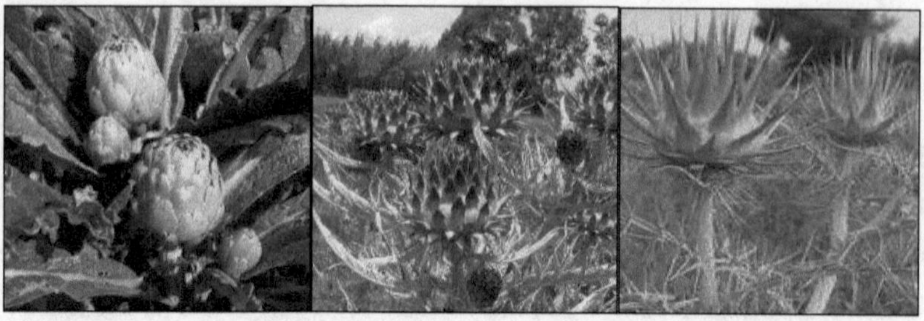

Fig. 1.1. Alcachofa cultivada (izquierda), cardo cultivado (centro) y cardo silvestre (derecha).

El progenitor común de las subespecies cultivadas, es decir, la alcachofa y el cardo cultivado, es el cardo silvestre. Tras la última glaciación esta especie se extendió hacia la parte oriental y occidental de la cuenca mediterránea, dejando huellas aun visibles de su paso. Este es el caso de los cardos silvestres *C. syraca, C. cyrenaica,* y *C. cornigera* en el área oriental, y *C. betica, C. algarbienis y C. humilis* en la zona occidental (Pignone y Sonnante, 2009).

El consumo de alcachofa se remonta al 2000 o 2500 a.C. En esta época únicamente se consumían los tallos florales y las nervaduras carnosas de la hojas de los cardos, ya que las inflorescencias eran pequeñas, espinosas y de sabor amargo (Bartual, 1985).

La domesticación de la alcachofa tuvo lugar en el siglo XV en los monasterios cristianos de Sicilia, donde los monjes la cultivaban y mejoraban, evolucionando hasta la alcachofa que se conoce en la actualidad. Los árabes se encargaron de extender este cultivo a otras regiones mediterráneas, mientras que Italia fue una conexión importante para su propagación por el norte de Europa central y oriental (Pignone y Sonnante, 2004).

El nombre del género *Cynara* viene de la palabra griega "*kinara*", que significa planta espinosa (Bianco, 1990). Los nombres actuales destinados a nombrar la alcachofa en Italia (carciofo), España (alcachofa) y Portugal (alcachofra), vienen de la palabra árabe "al'*qarshuff*", mientras que en inglés, francés, alemán y en otros idiomas de Europa del Norte, el nombre actual proviene de una palabra compuesta del latín "*articoculum*", cuyo significado es *Artus* = espinosa y *cocolum* = esfera (Bianco, 1990; Pignone y Sonnante, 2009).

En el siglo XVI la alcachofa llegó a Francia de la mano de Catalina de Médicis al contraer matrimonio con Enrique II. En 1800 los navegantes franceses la introdujeron en América, concretamente en Luisiana y, posteriormente, llegó a California, uno de los lugares con mayor número de hectáreas cultivadas. Tras la primera guerra mundial la migración italiana la llevó a Argentina y Perú.

2. Características taxonómicas y botánicas

La alcachofa cultivada *Cynara cardunculus* L. var. *scolymus* (L.), Fiori pertenece a la familia *Asteraceae*. Es una planta diploide, semiperenne y de polinización cruzada. La planta posee 2n = 2x = 34 cromosomas, es de color verde plateado y crece hasta una altura media de 1,0 m – 1,5 m cubriendo un área de 1,5 m – 2,0 m de diámetro; no obstante alguno de los cultivares actuales presentan portes más elevados. (Bianco, 1990; Pignone y Sonnante, 2009).

Tabla 2.1. Clasificación taxonómica de la alcachofa cultivada según APG III (2009)

Clase	**Magnoliidae**
Subclase	Asteridae
Orden	Asterales
Familia	Asteraceae (Compositae)
Subfamilia	Tubulifloroideae
Género	*Cynara*
Especie	*cardunculus*
Subespecie	*scolymus*

La clasificación taxonómica de las distintas especies dentro del género *Cynara* ha ido evolucionando en el tiempo. Linnaeus (1753) clasificó a *C. cardunculus* y *C. scolymus* como dos especies diferentes del género *Cynara*. En 1890, De Candolle propuso que la alcachofa cultivada derivaba de la especie *C. cardunculus* L. var. *sylvestris* (Lamk) Fiori, mientras que Wiklund (1992) consideraba que el cardo y la alcachofa eran cultivares de la misma subespecie (*C. cardunculus flavescens*). Rottenberg y Zohary (1996) sostienen, mediante estudios de hibridación, que la alcachofa cultivada, el cardo silvestre y el cardo cultivado constituyen una especie única: *C. cardunculus* L.

Los estudios más recientes han demostrado que tanto el cardo como la alcachofa cultivada proceden del cardo silvestre *Cynara cardunculus* L. var. *sylvestris* (Lamk) Fiori. Estas tres subespecies de *C. cardunculus* son genéticamente similares entre sí, mientras que otras especies del género *Cynara* (*C. humilis, C. tournefortii, C. algarbiensis, C. baetica, C. syriaca*, etc) no comparten esta elevada analogía genética, aunque en algunos casos se ha encontrado un cierto grado de parentesco (Basnizki y Zohary, 1994; Sonnante y col., 2004).

Comercialmente, en las regiones mediterráneas, la planta de alcachofa puede permanecer en el terreno entre 4 y 5 años, pero la tendencia actual es renovar el alcachofar cada 1 o 2 años debido a que las cosechas posteriores son de menor calidad y dan una baja producción (Ryder y col., 1983). La vida de la planta está salpicada de períodos de reposo, que se manifiestan durante el verano en los países de clima mediterráneo y durante el invierno en los países fríos.

El sistema radicular de la planta está formado por raíces suculentas y fibrosas, insertadas en un rizoma que permite el rebrote vegetativo de la planta a través de hijuelos. El número de éstos puede variar de un simple hijuelo en una planta joven hasta aproximadamente 12 en las plantas adultas. El rizoma es, por tanto, el responsable en la multiplicación de la planta (Macua y col., 1991).

Fig. 2.1. Sistema radicular de una planta de alcachofa

La corona es el punto de unión entre tallo y raíz en la planta de alcachofa, el cual presenta una serie de yemas que dan origen a los hijuelos. Cada yema da lugar a un tallo principal, erguido, grueso y acanalado longitudinalmente. Los tallos son de color verde grisáceo y pueden llegar a medir hasta 1,5 m dependiendo de las características genéticas de la planta (La Malfa y Foury, 1971). En el extremo principal del tallo se genera una inflorescencia llamada cabezuela, que es una ramificación que termina en flores sésiles, de color violáceo o morado, que se insertan en el ápice o receptáculo rodeado por una serie de brácteas carnosas. Del tallo principal se desarrollan ramificaciones que dan lugar a cabezuelas secundarias y terciarias de menor tamaño (Ryder y col., 1983).

Fig. 2.2. Cabezuela de alcachofa

Las hojas son alargadas, grandes (de hasta 1 m de longitud dependiendo de la variedad), agrietadas, grisáceas-verdosas por el haz, y pilosas por el envés, con una nervadura prominente. Las hojas que envuelven al capítulo constituyen las brácteas, que junto al receptáculo (conocido como "fondo de alcachofa") forman la parte comestible de la alcachofa. Debe consumirse antes de que se desarrolle la flor ya que en ese caso el receptáculo se endurece y forma espinas. Este fruto es un aquenio de color grisáceo con manchas parduzcas, provisto de un vilano plumoso encargado de favorecer la diseminación (Maroto, 1983).

Las semillas de la planta se encuentran en el interior del fruto y son aquenios pequeños (de unos 5 o 7 mm), de color grisáceo. Cada fruto puede contener entre 50 y 180 semillas, dependiendo de la variedad, con una capacidad germinativa de 6 a 7 años y una germinación entre 7 y 20 días (Foury, 1967; Maroto, 1983).

Fig. 2.3. Flor de alcachofa

Fig. 2.4. Semillas de alcachofa

3. Composición química y propiedades nutracéuticas

La alcachofa es un alimento muy valorado en la dieta mediterránea gracias a sus saludables propiedades nutricionales. Su elevada humedad, bajo contenido calórico, la práctica ausencia de grasas y su naturaleza fibrosa la han convertido en uno de los alimentos dietéticos por excelencia. Otra característica importante es el alto contenido de minerales, sobre todo en potasio, sodio, magnesio, fósforo y calcio, que son fundamentales para el organismo, ya que participan en numerosas funciones como la regulación de líquidos en el cuerpo, control de la presión arterial, funcionamiento del intestino, músculos y nervios, etc.

Tabla 3.1. Composición nutricional de la alcachofa cultivada (valores para 100 g de parte comestible)

Agua (g)	84,94	Hierro (mg)	1,28
Energía (kcal)	47	Fósforo (mg)	90
Grasas (g)	0,15	Potasio (mg)	370
Proteínas (g)	3,27	Sodio (mg)	94
Carbohidratos (g)	10,51	Ac. ascórbico (mg)	11,7
Cenizas (g)	1,13	Tiamina (mg)	0,072
Azúcares (g)	0,99	Niacina (mg)	1,046
Colesterol (mg)	0	Vitamina E (mg)	0,19
Fibra (g)	5,4	Riboflavina (mg)	0,066
Calcio (mg)	44	Ácido pantoténico (mg)	0,338
Magnesio (mg)	60	Vitamina B-6 (mg)	0,116

USDA (2013)

El carbohidrato más importante que se encuentra en esta hortaliza es la inulina, un oligopolímero de fructosa que no puede ser digerido por el intestino delgado humano, y que tiene propiedades prebióticas y bifidobacterianas. Esta fibra aumenta la absorción intestinal de minerales como el calcio, reduciendo el riesgo de osteoporosis; reduce la síntesis de ácidos grasos en el hígado, descendiendo el riesgo de arteroesclerosis; y modula los niveles de glucosa en sangre (Lattanzio y col., 2009).

Otros compuestos bioactivos, con numerosos beneficios para el organismo, presentes en las cabezuelas de las alcachofas son las vitaminas y los compuestos fenólicos (Cabezas-Serrano y col., 2009; Lattanzio y col., 2009).

3.1. Vitamina C

La vitamina C es el enantiómero L del ácido ascórbico; una vitamina hidrosoluble que actúa como coenzima en la síntesis de colágeno, glóbulos rojos, huesos y dientes, además de favorecer la adsorción de nutrientes, entre otras funciones metabólicas.

El ser humano no es capaz de producir vitamina C debido a la ausencia de la enzima necesaria para su síntesis, la L-gulonolactona oxidasa; por ello, debe incluirse en la dieta a través de frutas y verduras que la contengan. El consumo de esta vitamina ayuda a reducir el riesgo de cáncer y enfermedades cardiovasculares.

El ácido ascórbico (AA) se oxida fácilmente en disolución a ácido dehidroascórbico (ADHA). Está reacción es catalizada por las enzimas ascorbato peroxidasa y ascorbato oxidasa, y se favorece a elevada temperatura, pH alcalino, y en presencia de oxígeno y de trazas de hierro o cobre. El AA en primer lugar se oxida a ADHA que debido a su inestabilidad se deslactoniza generando el ácido 2,3-dicetogulónico (Fig. 3.1). La función vitamínica está presente tanto en el AA como en su forma oxidada ADHA, mientras que el producto de hidrólisis carece de esta propiedad. El ácido 2,3-dicetogulónico puede continuar oxidándose, sufriendo deshidrataciones y polimerizaciones que dan lugar a una gran variedad de compuestos volátiles y coloreados (Davey y col., 2000).

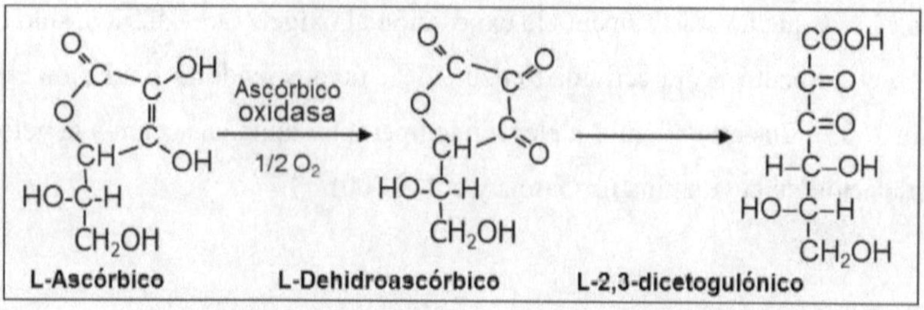

Fig. 3.1. Oxidación del ácido ascórbico

Las principales funciones de la vitamina C son: donador y aceptor de electrones, cofactor enzimático, y captador de radicales libres. Esta última función es la que le confiere su alto poder antioxidante. Estas cualidades son las responsables de su uso como aditivo en alimentación: como antipardeante de fruta y verdura procesada, en curaciones de carnes, en bebidas refrescantes, zumos, etc.

La mayor parte de la vitamina C encontrada en la alcachofa se encuentra como ADHA, debido fundamentalmente a la gran actividad enzimática presente en esta hortaliza (peroxidasas, ascorbato oxidasas, polifenol oxidasas, citocromo oxidasas, etc.), que puede actuar catalizando reacción de oxidación del AA (Espín y col., 2000). Durante el almacenamiento de esta hortaliza, la oxidación de la vitamina C no se detiene, por lo que finalmente se pierde gran parte de la actividad vitamínica (Gil- Izquierdo y col, 2001).

La parte comestible de la alcachofa contiene alrededor de unos 100 mg/kg de vitamina C, dependiendo de la variedad (Ihl y col., 1998). Mencarelli y col., 1982 encontraron valores mucho más elevados para el cultivar “Violeta de Toscana”, alrededor de 620 mg/kg. Gil-Izquierdo y col. (2001) encontraron unos 200 mg/kg de vitamina C en la parte comestible del cultivar "Blanca de Tudela". Además, observaron que las brácteas internas poseen mayor contenido de vitamina C que las brácteas externas.

Los procesos de corte en la alcachofa influyen negativamente sobre el contenido de vitamina C, ya que no sólo aumenta la exposición al oxígeno atmosférico, sino que se favorece el aumento de la actividad enzimática, favoreciendo la oxidación del AA (Salveit, 2003). Los tratamientos a elevada temperatura también aceleran la velocidad de degradación de la vitamina C (García y col., 2000).

3.2. Compuestos fenólicos de importancia en la alcachofa

Los compuestos fenólicos son metabolitos secundarios presentes en las plantas con una estructura común: una o varias funciones fenol unidas a una estructura aromática o alifática. Existen diversos tipos de compuestos fenólicos que se diferencian estructuralmente: ácidos fenólicos, flavonoides, antocianos y taninos, entre otros. Estos compuestos desempeñan numerosas funciones en las plantas: contribuyen al color, sabor y aroma, protegen del ataque de patógenos e intervienen en el crecimiento y madurez de la planta. Pero la importancia de estos compuestos reside sobretodo en la doble función que realizan como antioxidantes y como sustratos de reacciones de pardeamiento oxidativo (Lattanzio y col., 1994; Tomás-Barberán y Espín, 2001).

La alcachofa contiene una gran cantidad de fenoles naturales, entre los que destacan los ácidos hidroxicinámicos, tales como el ácido *p*-cumárico (ácido 4-hidroxicinámico) y en mayor medida derivados del ácido cafeico (ácido 3,4-dihidroxicinámico) (Lattanzio y col., 1994).

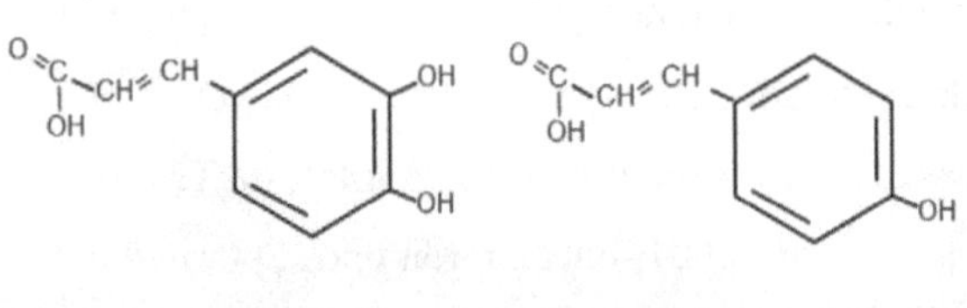

Fig. 3.2. Estructuras del ácido cafeico (izquierda) y cumárico (derecha)

Los ácidos hidroxicinámicos son compuestos con un esqueleto del tipo fenilpropanoide (C_6-C_3), que se diferencian por las sustituciones del anillo fenólico. La mayor parte de estos compuestos se encuentran conjugados con otros ácidos. En la alcachofa la mayor parte del ácido cafeico presente se encuentra conjugado con el ácido químico, formando derivados cafeilquínicos. Los más relevantes son: el ácido clorogénico (ácido 5-*O*-cafeilquínico (39%)), ácido 1,5-di-*O*-cafeilquínico (21%), el ácido 3,4-di-*O*-cafeilquínico (11%) y la cinarina (ácido 1,3-di-*O*-cafeilquínico (1,5%)) (Lattancio y col., 2009).

Estos compuestos tienen propiedades anticancerígenas, diuréticas y coleréticas. Favorecen la formación y eliminación de bilis, facilitando la digestión de los alimentos y disminuyendo los niveles de colesterol. De esta forma se mejora el funcionamiento del hígado y se evitan problemas como la insuficiencia hepática o la hepatitis. La cinarina es la responsable del aumento en la eliminación de la orina, mejorando problemas de retención de líquidos, hipertensión, cálculos renales, etc.

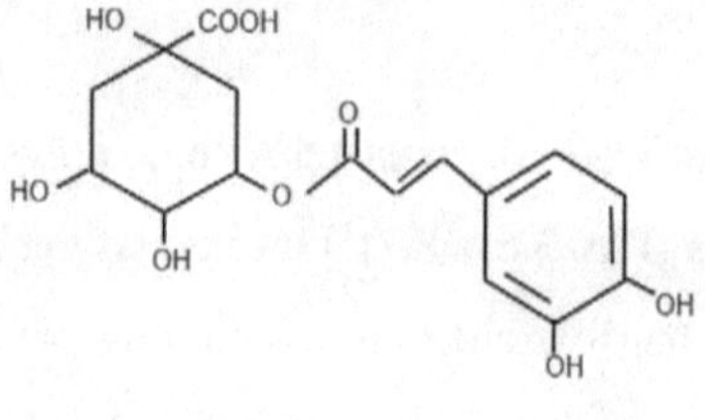

Fig. 3.3. Estructura del ácido 5-O- cafeilquínico (ácido clorogénico)

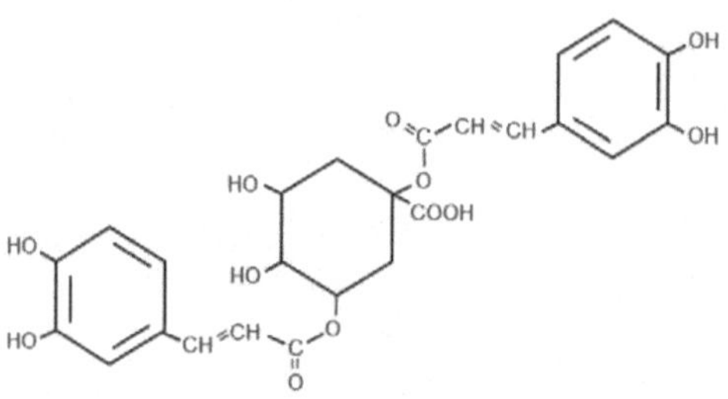

Fig. 3.4. Estructura del ácido 1,3-di-O-cafeilquínico (cinarina)

Otros constituyentes minoritarios en la alcachofa son los flavonoides. Estos compuestos poseen un esqueleto tipo difenil-pirano (C_6-C_3-C_6), compuesto por un anillo A y otro B unidos por un heterociclo C de tres átomos de carbono y un átomo de oxígeno (Fig. 3.5). Dependiendo de los sustituyentes que presente la estructura básica se clasifican en chalconas, flavonoles, flavonas, flavononas, catequinas, dihidroflavonoides, isoflavonoides y antocianidinas. Pueden encontrarse combinados con carbohidratos (glicósidos) o no combinados (agliconas) y son los responsables de las características organolépticas de las frutas y hortalizas (Tomás-Barberán y Espín, 2001).

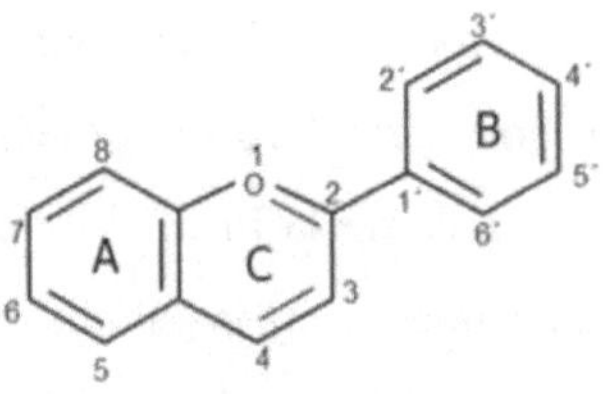

Fig. 3.5. Estructura genérica de flavonoides

En la alcachofa se han identificado flavonas tales como apigenina y luteolina, en forma de glucósidos y rutinósidos (Fig. 3.6 y 3.7), tanto en las cabezuelas como en las hojas de la planta. También se han extraído antocianidinas como cianidina, peonidina y delfinidina, responsables del color de los capítulos de alcachofa (Lattancio y col., 2009). Estos compuestos también suelen estar presentes unidos a moléculas de carbohidratos (Fig.3.9).

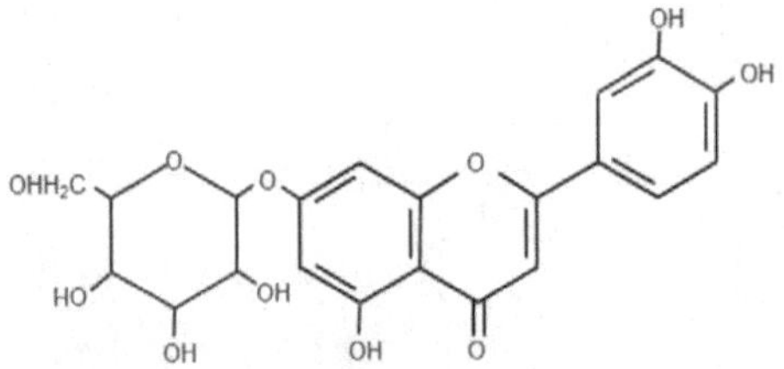

Fig. 3.6. Luteolina-7-O-glucósido

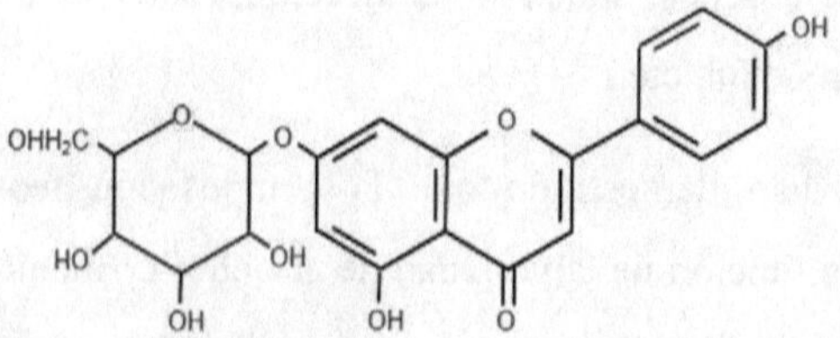

Fig. 3.7. Apigenina-7-O-glucósido

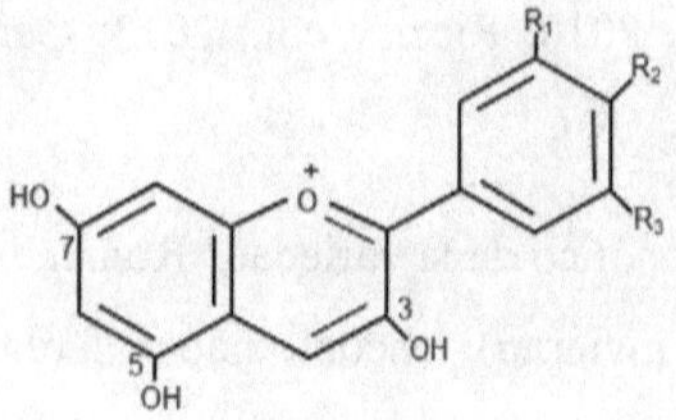

	R_1	R_2	R_3
Cianidina	OH	OH	H
Delfinidina	OH	OH	OH
Peonidina	OCH_3	OH	H

Fig. 3.8. Estructura de las principales antocianidinas (agluconas) presentes en la alcachofa

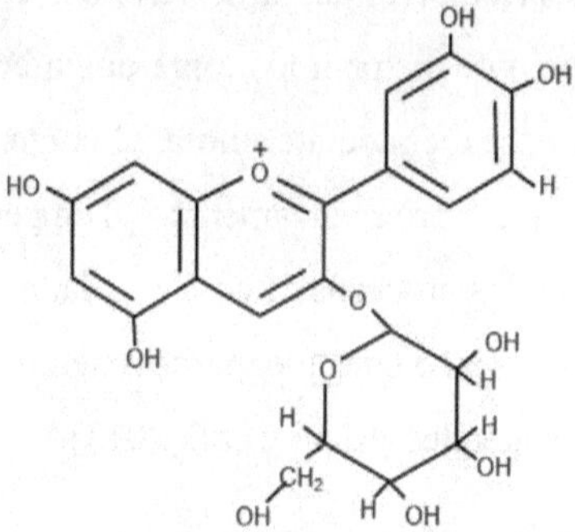

Fig. 3.9. Cianidina-3-O-glucósido

Son muchos los factores que pueden afectar al contenido fenólico de la alcachofa: genotipo, manejo pre-cosecha, época de recolección, estado de madurez, operaciones de procesado, conservación, etc.

Numerosos autores han demostrado que la composición fenólica (cualitativa y cuantitativa) varía en función de la variedad de alcachofa. Además, estos compuestos tienden a acumularse preferentemente en diferentes partes de esta hortaliza. De este modo, con independencia del genotipo, se han encontrado mayores cantidades de compuestos fenólicos en las brácteas internas y el receptáculo, que en las brácteas externas y las hojas de la planta (Gil-Izquierdo y col., 2001; Fratianni y col., 2007; Cabezas-Serrano y col., 2009; Lombardo y col., 2010; Ricci y col., 2013; García-Martínez y col., 2017a).

Lombardo y col. (2010) evaluaron el contenido fenólico de la variedad "Romanesco" según la fecha de recolección (en verano e invierno), encontrando diferencias significativas. Las alcachofas recolectadas en primavera presentaron mayor contenido fenólico, 16 veces más, que las cosechadas en invierno. Además, varios ácidos fenólicos y flavonoides que no se encontraban presentes en invierno, aparecieron en las alcachofas de primavera.

Las condiciones ambientales (temperatura, atmósfera, luz, etc.) y el estado fisiológico de la planta de alcachofa es otro factor importante que afecta al contenido fenólico. Durante el desarrollo de la cabezuela de alcachofa, el contenido de estos compuestos bioactivos va disminuyendo progresivamente. Temperaturas altas, elevadas concentraciones de oxígeno y los procesos de corte y pelado, favorecen la intervención de estos compuestos en las reacciones de pardeamiento enzimático, variando su composición en los tejidos vegetales (Ricci y col., 2013).

3.3. Pardeamiento enzimático

El pardeamiento enzimático es la oxidación de compuestos fenólicos a *o*-quinonas. Estos últimos compuestos son muy reactivos, por lo que continúan combinándose con los grupos amino o sulfhídrico de las proteínas, originando polímeros coloreados llamados melaninas. Estos polímeros tienen colores pardos, rojizos y negros que degradan la calidad visual y nutricional de las frutas y hortalizas (Lattanzio y col., 1994; Tomás-Barberán y Espín, 2001; Cabezas-Serrano y col., 2009; García-Martínez y col., 2017b).

Los principales grupos de enzimas que catalizan la oxidación fenólica son polifenol oxidasas (PPO) y peroxidasas (POD). La mayor parte del contenido enzimático se localiza en los plástidos de las células vegetales, mientras que los compuestos fenólicos se sitúan en la vacuola; de manera que cuando tiene lugar un proceso de ruptura del tejido vegetal, se produce una descompartimentación celular que pone en contacto las enzimas con los sustratos fenólicos, produciéndose la oxidación.

El pardeamiento de las frutas y hortalizas está influenciado por un gran número de variables: la actividad enzimática, cantidad y naturaleza de compuestos fenólicos, pH, temperatura, genotipo, estado fisiológico, actividad de agua y la disponibilidad del oxígeno entorno al tejido vegetal (Ahvenainen, 1996).

La alcachofa es un vegetal muy susceptible al pardeamiento enzimático debido, principalmente, a su alto contenido de compuestos fenólicos y a la elevada actividad enzimática que presentan sus tejidos. Es durante el procesado de esta hortaliza cuando se alcanza la mayor oxidación enzimática, produciéndose el oscurecimiento indeseable de la superficie (Lattancio y col., 1994; García-Martínez y col., 2017b).

4. Producción y comercialización

4.1. Producción y comercialización mundial de alcachofa

El cultivo de alcachofa es viable en todas las regiones del mundo en las que el clima es el adecuado (veranos frescos e inviernos suaves), sin embargo la mayor parte de la producción mundial se concentra en la cuenca mediterránea. Esta tendencia no solo se debe a las condiciones climáticas, sino a los orígenes ancestrales de este cultivo.

Tabla 4.1. Producción, rendimiento y superficie cultivada de alcachofa en el mundo

Países	Producción (t)	Superficie cultivada (ha)	Rendimiento (t/ha)
Argelia	46.808	3.760	12,45
Argentina	100.891	3.847	26,23
Chile	41.694	4.409	9,46
China	75.000	11.000	6,82
Chipre	2.621	125	20,97
Egipto	202.458	9.476	21,37
España	182.120	15.144	12,03
Estados Unidos de América	45.310	2.990	15,15
Francia	50.589	7.822	6,47
Grecia	38.000	2.200	17,27
República Islámica de Irán	17.000	950	17,89
Israel	2.419	300	8,06
Italia	474.550	49.577	9,57
Kazajstán	200	20	10
Kenya	19	5	3,8
Líbano	1.200	120	10
Malta	1.549	175.00	8,85

Marruecos	43.137	2.769	15,58
México	3.193	242	13,19
Perú	150.417	7.890	19,06
República Árabe Siria	15.103	879	17,18
Reunión	271	-	-
Rumania	589	52	11,33
Suiza	-	-	-
Turquía	33.460	2.444	13,69
Túnez	18.000	2.300	7,83
Uzbekistán	2.400	100	24
Zambia	706	-	-
Zimbabwe	293	21	13,95

FAOSTAT (2011)

En la tabla 4.1 puede observarse la distribución de alcachofa en el mundo. La producción mundial en el año 2011 se estimó en 1.550.136 t, la mayor parte producidas en áreas mediterráneas de Europa y África. Destaca la producción de Italia seguida de Egipto y España, representando en conjunto alrededor del 60% de la producción mundial total. Otros grandes productores de alcachofa son: Perú, Argentina, China, Francia, Argelia, Estados Unidos de América, Marruecos, Chile y Turquía.

Como muestra la figura 4.1, y referido a datos oficiales de FAO, el rendimiento de países con tradición en el cultivo de alcachofa, como Italia, España y Francia, es bajo (inferior a 12 t/ha) a pesar de ser grandes productores, mientras que países emergentes de América del Sur y África (Argentina, Perú y Egipto) muestran rendimientos superiores a 19 t/ha. Realmente y, al menos en lo que respecta a España, los rendimientos medios son muy superiores a 12 t/ha (hay datadas producciones de 20-22 t/ha), lo que permite rentabilizar el cultivo.

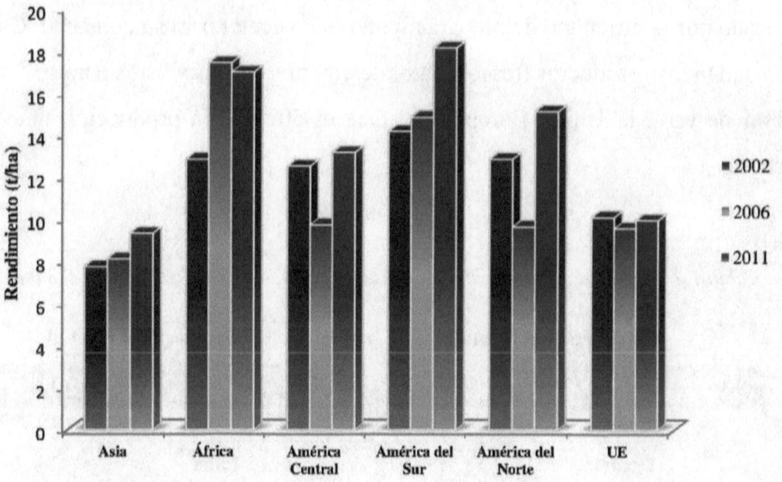

Fig. 4.1. Distribución del rendimiento mundial de alcachofa (FAOSTAT 2011)

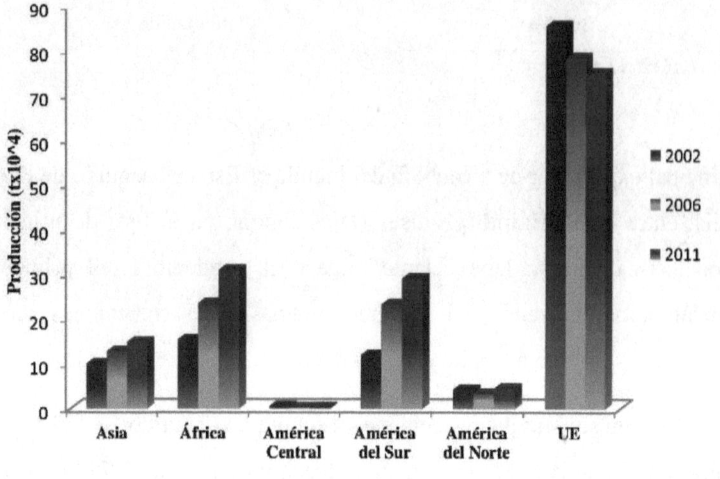

Fig. 4.2. Distribución de la producción mundial de alcachofa (FAOSTAT 2011)

A lo largo de los últimos 10 años, Asia, África y América del Sur han experimentado un aumento en la producción y la superficie cultivada de alcachofa, mientras que en la Unión Europea ha disminuido su producción en un 12% desde 2002 (Fig. 4.2). Este decrecimiento es debido principalmente a un descenso en la demanda de alcachofa, provocado por la dificultad de preparación de este vegetal para su consumo. Cada vez se demandan más productos frescos, naturales, ya preparados y listos para su consumo. A pesar de esto, la Unión Europea produce el 50% de la producción mundial de alcachofa.

Tabla 1.2. Principales países exportadores e importadores de alcachofa en el mundo

Exportación Mundial		Importación Mundial	
Países	US (Miles $)	Países	US (Miles $)
España	25.741	Francia	19.799
Francia	13.231	Italia	14.254
Egipto	10.592	Alemania	3.984
Italia	8.204	Canadá	3.497
Países Bajos	1.915	Países Bajos	2.722
Marruecos	959	Bélgica	2.401
Bélgica	367	Reino Unido	2083

FAOSTAT (2011)

El principal exportador de alcachofa del mundo es España, seguido de Francia, Egipto e Italia, entre otros. Egipto y Países Bajos figuran en la lista de principales países exportadores debido a la excelente trayectoria productora del primero, y al alto potencial comercializador del segundo, gracias a las mercancías procedentes de terceros países, ya que no es un gran productor.

España tiene un superávit comercial de alcachofa, exportando 12.409 t en el año 2011, mientras que Francia es el país que más alcachofa importa, 12.793 t en el mismo año. Es singular que Francia e Italia sean grandes importadores, ya que, a la vez, son grandes exportadores mundiales.

Todos los países de la Unión Europea importan alcachofa, pero entre los países que no producen esta hortaliza, únicamente destacan Alemania y Bélgica como significativos importadores.

Tabla 4.3. Intercambio intracomunitario de alcachofa

	Fresca		Conserva		Congelada	
	Exp (t)	Imp (t)	Exp (t)	Imp (t)	Exp (t)	Imp (t)
España	14.044	263	14.520	312	821	25
Francia	5.823	10.930	762	5.951	691	4.876
Italia	6.669	3.763	5.029	1.445	463	1.107
Alemania	398	3.631	1.522	6.754	17	779
Bélgica	378	1.370	203	866	314	509
Grecia	0,7	32	118	237	4	14
Países Bajos	1.183	1.461	64	787	49	141
Reino Unido	164	1.168	24	2.323	6	44
Austria	4	174	21	709	0,8	43
Suecia	99	1.280	33	717	4	71
Total	28.956	25.196	16.531	17.363	2.411	7.760

Export helpdesk- European comisión (2012)

Cada país productor posee un grupo de variedades locales de alcachofa, adaptadas a las condiciones edafoclimáticas de la zona. Estas variedades poseen unas características específicas en cuanto a color, tamaño, forma, etc. En España la variedad más cultivada es "Blanca de Tudela". Este tipo de alcachofa es también la más usual en Marruecos, Argelia y Túnez. El segundo país más productor del mundo, Egipto, cultiva la variedad local "Baladí". En Italia los cultivos más frecuentes son "Spinoso Sardo", "Violetto de Sicilia" y "Violetto de Provenza". Esta última, junto con "Camus de Bretaña", "Salenquet" y "Salambó", son variedades típicas de Francia.

El gran intercambio comercial ha puesto a disposición de los consumidores otras variedades de alcachofa distintas a las locales, diversificando la producción hacia cultivos no autóctonos. La demanda de estas nuevas variedades amplía las posibilidades productivas y comerciales.

Las exportaciones de alcachofa en fresco representan el 60% de las exportaciones intracomunitarias. A pesar de esto, la demanda de alcachofa en conserva está aumentando en estos últimos años debido a que se prefieren productos de fácil preparación.

España es el principal exportador de alcachofa en conserva dentro y fuera de los 27 países comunitarios, representando más del 85% de las exportaciones de alcachofa en conserva dentro de la Unión Europea. Los principales países a los que destina su producción son Alemania, Francia e Italia. Como segundo país de importancia en las exportaciones intracomunitarias de alcachofa en conserva se encuentra Italia, abasteciendo en un 30% las demandas de este producto. Perú, Egipto y China también juegan un papel sobresaliente en la exportación de alcachofa en conserva.

El principal receptor mundial de alcachofa en conserva es Estados Unidos, con una importación superior a 10.000 t en 2012, provenientes de España principalmente. Dentro de los países intracomunitarios destacan Alemania, Francia, Italia y Reino Unido como receptores de este producto.

Las exportaciones de alcachofa congelada, únicamente representan el 5% de las exportaciones intracomunitarias. Francia e Italia participan activamente en el intercambio de este producto, ya sea como importadores o como exportadores.

4.2. Producción y comercialización nacional de alcachofa

En 2011, se cultivaron en España 15.144 ha de alcachofa, principalmente de la variedad "Blanca de Tudela", con una producción de más de 180.000 t de esta hortaliza

(FAOSTAT, 2011). Aproximadamente, el 60% de la producción total se transforma industrialmente, quedando un 40% para el consumo en fresco. España exporta un 25% del cultivo al mercado comunitario, principalmente variedades grandes y violáceas demandadas por países como Francia e Italia, producidas casi exclusivamente en Murcia (MAGRAMA, 2012).

Durante la última década, la productividad y la superficie cultivada de alcachofa en este país han ido disminuyendo de forma lenta y progresiva, como puede apreciarse en la figura 4.3. Se ha producido un descenso de más del 20 % de las hectáreas cultivadas y del rendimiento del cultivo desde el 2002.

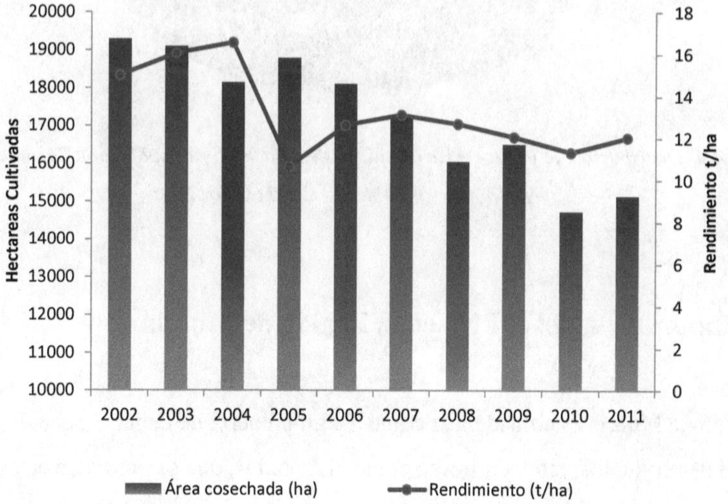

Fig. 4.3. Evolución del rendimiento y la superficie cultivada de alcachofa en España (FAOSTAT, 2011)

El cultivo de esta hortaliza es especialmente importante en el litoral mediterráneo, mayoritariamente en Murcia, con más de un 40% de superficie cultivada en el año 2011 y más de 78.000 t producidas. Con un 25% de hectáreas cultivadas le sigue la Comunidad Valenciana con unas 44.000 t de producción, seguido de Andalucía y

Cataluña con 29.000 y 10.000 t, respectivamente. La zona del Valle del Ebro (Navarra, La Rioja y Aragón) no destaca por el volumen de alcachofa producida, pero si por la producción de material vegetal de abastecimiento en el área de Tudela (MAGRAMA, 2012).

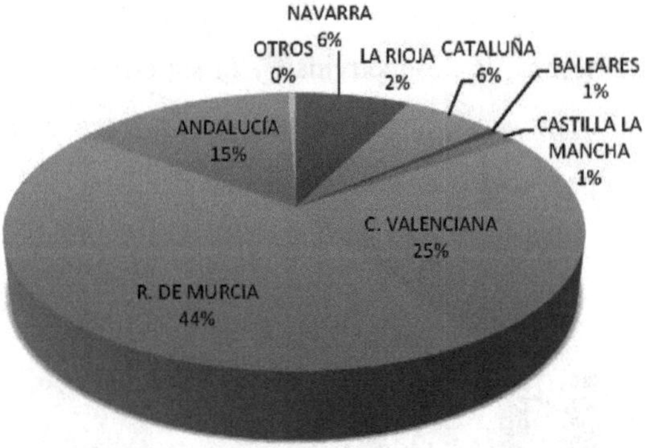

Fig. 4.4. Distribución de la superficie de cultivo de alcachofa en España por Comunidades Autónomas en 2011 (MAGRAMA, 2012)

4.3. Importancia del cultivo en la Región de Murcia

La Región de Murcia es considerada como "la gran huerta de España", debido a la gran cantidad de productos, tanto en fresco como elaborados, que se producen en esta tierra. Su situación geográfica, en el Sureste de la Península Ibérica, junto al Mar Mediterráneo, hace que las condiciones climáticas sean las adecuadas para el cultivo hortofrutícola.

En la Región de Murcia, la superficie total de hortalizas cultivadas con riego localizado alcanzó las 40.028 ha, en 2012. Destacando las superficies dedicadas a lechuga (14.065 ha), bróculi (11.882 ha) y alcachofa (7.347 ha) (CARM, 2012).

La alcachofa supone el 18% de la producción total hortícola en la Región y las principales zonas de producción de esta hortaliza son el Campo de Cartagena y el valle del Guadalentín. La primera de ellas supone un 43,5% de la producción regional, mientras que el valle del Guadalentín supone el 48,5% restante (Estadística Agraria 2012, INE). La variedad predominante que se produce es la "Blanca de Tudela", aunque también se cultivan otras variedades para exportación como "Violeta de Provenza", "Spinoso Sardo" o del tipo "Blanc Hyerois" o "Camus", destinadas principalmente a los mercados de Francia e Italia.

La Región también es la primera productora de conserva de alcachofa a nivel nacional, exportando este tipo de productos a regiones intracomunitarias, como Francia, Alemania, Reino Unido e Italia, y países como Estados Unidos y Canadá entre otros (CARM, 2012).

5. Variedades

Actualmente, hay más de 286 variedades cultivadas de alcachofa, originadas mayoritariamente en Italia, Francia y España. Muchas de estas variedades deben su nombre al lugar de origen: "Blanca de Tudela", "Violeta de Provenza", "Camus de Bretaña", etc. (Bianco, 2005; Infoagro, 2012).

No es fácil identificar los diversos genotipos de alcachofa que existen (entre 100 y 120), debido a la gran variabilidad genética (Pignone y Sonnante, 2004; Sonnante y col., 2007; Mauro y col., 2009). Las variedades pueden diferenciarse atendiendo a la forma del capítulo (esférico u oval), tamaño y color del mismo (verde o violeta). También puede tenerse en cuenta la precocidad de la planta.

Entre las principales variedades que se cultivan en el mundo y, que por tanto, se consume, destacan:

- ***Green Globe***

Se trata de una alcachofa con brácteas brillantes y espinosas, de tonos que varían entre el verde y el violeta, como resultado de la mezcla genética de esta variedad (Martínez Serna, 1998). La planta puede alcanzar 2 m de altura y posee hojas grandes y fruto globoso, dulce y tierno. Se cultiva principalmente en Estados Unidos.

Fig. 5.1. Cabezuelas de Green Globe

- ***Imperial Star***

Es una variedad procedente de California, temprana y muy productiva, de propagación por semillas (Schrader y Mayberry, 1992). Esta planta puede alcanzar los 1,50 m de altura, superando a la variedad "Blanca de Tudela". Sus capítulos son ovales y grandes, con brácteas interiores de color blanco, y exteriores verdes con tonos violáceos en su base, que pueden terminar en una espina curvada (Martínez Serna y Carbonell, 2007).

Fig. 5.2. Imperial Star

❖ ***Blanca de Tudela***

Es una planta temprana, de tamaño pequeño (1 m de desarrollo vegetativo) capaz de producir durante toda la primavera, otoño e invierno, dando dos o tres rebrotes por estación (Macua, 1996). En el área mediterránea se planta a finales de julio o principio de agosto, pudiéndose recolectar los primeros frutos a mitad o final de octubre. Se cultiva principalmente en España, y su destino es tanto para el consumo en fresco como para la industrialización. Su multiplicación es vegetativa o por esquejes (Macua y col., 1991; Iranzo, 1995; Martínez Serna y Carbonell, 2007). El capítulo que genera esta variedad es pequeño, sin espinas y de forma cónica-cilíndrica, rodeado de brácteas verdes y compactas.

Fig. 5.3. Blanca de Tudela

❖ ***Catanese o Violetto di Sicilia***

Es una variedad de alcachofa de origen italiano, de ciclo productivo largo y producción temprana. La planta es de tamaño mediano, con hojas de lámina entera en los primeros estados vegetativos, y lobuladas. Los capítulos son ovoidales y medianos, cubiertos por brácteas redondeadas de color verde con tonos violáceos en el exterior, y más claras en el interior.

Fig. 5.4. Alcachofa Catanese

❖ ***Spinoso Sardo***

Fig. 5.5. Spinoso Sardo

Es la segunda variedad más cultivada en Italia, y la preferida por los italianos para el consumo en fresco. Es una de las alcachofas más llamativas por sus características morfológicas. Los capítulos de la planta son cónicos y se encuentran rodeados por brácteas alargadas, de color verde con tonos violetas y pardos. El ápice de las brácteas termina en una espina amarillenta muy pronunciada (Dellacecca y col., 1976).

❖ ***Romanesco***

Fig. 5.6. Romanesco

Variedad italiana de baja y tardía producción, de enero a mayo. Esta planta es muy vigorosa y puede llegar a alcanzar 160 cm de altura. Posee capítulos subesféricos achatados y grandes, con tonos verdes y violetas en sus brácteas (Macua, 1996). La producción de capítulos es muy adecuada para el consumo en fresco; mientras que por su forma no se presta bien a la industrialización en forma de corazones.

❖ ***Violeta de Provenza***

Fig. 5.7. Violeta de Provenza

Esta variedad es originaria de Francia, pero también se cultiva en Italia y en menor medida, España (Foury, 1976). Es una planta algo menos productiva que "Blanca de Tudela", comenzando a dar capítulos a partir de octubre y aumentando su producción tras la parada de invierno (Gamayo, 1996). La planta no es muy grande y sus capítulos son medianos y alargados, con brácteas de tonos verdosos y violeta rojizo (Dellacecca y col., 1976).

❖ ***Camus de Bretagne***

Su denominación indica que su origen es francés. Se caracteriza por tener grandes capítulos redondeados y compactos (entre 300 y 500 g), de color verde brillante con tonos pardos en los bordes. Su gran tamaño la hace adecuada para la exportación a otros mercados que aprecian esta característica, especialmente para utilizarse como base para relleno con otros alimentos. Es una planta temprana y bastante productiva (Macua, 1996).

Fig. 5.8. Camus de Bretagne

❖ ***Calicó***

Es similar a Camus de Bretagne en cuanto a origen, forma y color de los capítulos, pero es una planta mucho más tardía que se recolecta a partir de febrero. Pueden llegar a pesar más de 1 kg y el desarrollo vegetativo de la planta es muy grande (alcanza 160 cm de altura).

Fig. 5.9. Capítulos de Calicó

❖ ***Salambo***

Es un híbrido generado a partir de "Camus de Bretagne". El cultivar "Salambó" es de producción muy tardía, de febrero a mayo. Los capítulos son muy grandes, de forma esférica con brácteas de tono rojo púrpura sin espinas. El desarrollo vegetativo es muy grande, similar al cultivar "Calicó" (más de 160 cm).

Fig. 5.10. Cabezuelas de Salambo

❖ ***Tema***

Variedad italiana, cultivada principalmente en la Toscana y de producción precoz. La planta es mediana, llegando a los 90 cm de altura, y de vigor medio. Los capítulos son medianos, ovalados y de color violeta intenso, y las brácteas que los rodean tienen tendencia a abrirse con temperaturas altas.

Fig. 5.11. Alcachofa Thema

Debido a la globalización de los mercados y la gran competencia que esta situación implica, los productores de esta hortaliza deben adaptarse a las demandas de aquellos países que son grandes consumidores y, por lo tanto, mercados en los que hay que competir con el resto de la producción mundial. De este modo, además de la optimización de los cultivos para aumentar el rendimiento económico, la introducción de muchas de estas nuevas variedades adaptadas al comercio estatal e intracomunitario son alternativas a considerar.

La producción de variedades diferentes al cultivar tradicional "Blanca de Tudela" es una estrategia en auge en zonas productoras de la Región de Murcia. A la hora de cultivar estas nuevas variedades deben tenerse en cuenta parámetros que varían con el genotipo, y que afectan a la calidad comercial, como el tamaño, color, textura, producción, susceptibilidad de pardeamiento, resistencia a las plagas, entre otras características.

6. Reproducción y cultivo

6.1. Métodos de propagación

La reproducción de la planta de alcachofa puede llevarse a cabo mediante dos vías: la propagación gámica, mediante semillas, o agámica, a través de material vegetal de una planta madre (Gil-Ortega, 1996). La técnica más usada es la multiplicación a partir de órganos de la planta (Iranzo, 1995). En España se usan zuecas o palos, mientras que en Francia e Italia se prefieren hijuelos o rebrotes jóvenes. Actualmente están tomando relevancia las técnicas de micropropagación de alcachofa, ya que garantizan que el material vegetal esté libre de enfermedades.

Es importante tener en cuenta la calidad y el manejo de las semillas y del material vegetal usado en la reproducción, ya que influye directamente sobre el desarrollo y el rendimiento de las plantas futuras.

6.1.1. Propagación agámica

El método más utilizado para la multiplicación de la alcachofa a nivel mundial es la propagación vegetativa. Países como Francia, Italia, Estados Unidos, Chile, Perú, Turquía, Marruecos y, por supuesto, España, han usado este tipo de propagación durante décadas. El proceso consiste en trasplantar trozos de material vegetal de la planta madre, para originar una nueva planta que posee el material genético de la misma (Iranzo, 1995).

Existen varios sistemas de multiplicación vegetativa: propagación por hijuelos, por esquejes, por óvolos y mediante sistemas de micropropagación (La Malfa y Foury, 1971).

- Multiplicación por hijuelos o vástagos

Los hijuelos son brotes con un enraizamiento moderado, provenientes del rizoma de la planta madre, que se trasplantan durante los meses de agosto y septiembre para generar nuevas plantas.

Estos vástagos pueden recolectarse tanto en primavera como en otoño (Bianco, 1990). Cuando se recolectan en los meses de febrero o marzo, se plantan en viveros especiales para mejorar su desarrollo radicular (Fig. 6.1); mientras que los brotes recogidos en agosto o septiembre pueden plantarse directamente en el terreno definitivo si presentan un enraizamiento adecuado.

Fig. 6.1. Propagación mediante hijuelos en semillero

Los brotes seleccionados deben ser vigorosos, tener un sistema radicular bien desarrollado y, al menos, 4 o 5 hojas de lámina entera (de 20 o 30 cm de altura) para garantizar una producción satisfactoria y temprana (Bianco, 1990).

Este método de propagación es uno de los más empleados en países como Francia e Italia (Calabrese, 2009), debido principalmente a que no se requiere la extracción de la planta madre que puede mantenerse para posteriores rebrotes. Otros factores que influyen positivamente en el uso de esta técnica son la homogeneidad y el buen agarre de las plantas producidas.

El principal inconveniente de la multiplicación por hijuelos es el elevado coste del proceso, tanto de la mano de obra requerida, como de los materiales necesarios para los viveros.

❖ <u>Propagación por zuecas o esquejes</u>

Las zuecas o esquejes son fragmentos de la cepa original formados por trozos basales de tallos con parte del rizoma de la planta (Fig. 6.2). De cada cepa madre pueden obtenerse entre 4 y 6 esquejes, que suelen plantarse en los meses de julio o agosto.

Los requisitos que deben cumplir las plantas de alcachofa de las que se van a extraer las zuecas son los siguientes:

- Plantas libres de virosis, nematodos, ataques de taladro o enfermedades fúngicas como la verticilosis.
- Plantas que den buenas producciones de alcachofa, tanto en cantidad como en calidad (cabezuelas homogéneas con brácteas apretadas).
- Plantas de primer año de cultivo, ya que dan producciones precoces, homogéneas y de buena calidad (Gamayo y Aguilar, 1999).

El proceso de obtención de las zuecas es el siguiente: cuando finaliza la recolección de las cabezuelas de alcachofa (en mayo aproximadamente) se paraliza el riego, y como consecuencia, la planta entra en un estado de latencia o parada vegetativa. Al comenzar a secarse las hojas de la alcachofera, ésta se corta a 10 o 15 cm del suelo, permaneciendo en el terreno hasta el periodo de plantación (Iranzo, 1995). Llegada esa fecha se extraen las

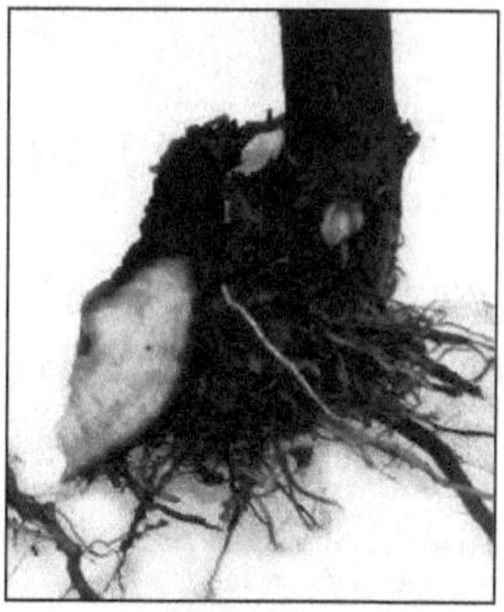

Fig. 6.2. Zueca de alcachofa

zuecas de la planta, dejando una en el terreno si se pretende proseguir con el cultivo en la misma parcela; en caso contrario, se extrae toda la planta y se separan a mano, y una por una, todas las zuecas.

Antes de plantar los esquejes obtenidos, es necesario guardarlos durante 5 días para que cicatricen las heridas producidas en el proceso de separación, y evitar que los esquejes se pudran tras el primer riego (Gamayo, 1996).

Es muy importante hacer una selección previa de las zuecas de plantación para obtener plantas de buena calidad. Por este motivo, se prefieren zuecas gruesas y con yemas bien diferenciadas, que garanticen el agarre de la planta.

Mediante la propagación por esquejes se consiguen plantas muy precoces (se obtienen buenas plantas en 3 meses tras el trasplante) y uniformes, capaces de dar producciones tempranas. Sin embargo, este método tiene algunos inconvenientes: hay un alto porcentaje de pérdida de plantas, los costes de plantación y mano de obra son elevados, y presentan un factor de multiplicación bajo (Devos y col., 1975). Además, con este sistema se produce la trasmisión de enfermedades bacterianas, hongos (*Rhizoctonia solani, Fusarium sp, Verticilium dahliae y Phytium sp*) y otras enfermedades de origen viral (Chabbouh y Cherif, 1990; Chabbouh y col., 1990; Gil-Ortega, 1996). A pesar de estos problemas es, actualmente, el sistema que da mejores resultados en cuanto a precocidad, calidad y uniformidad de las plantas generadas, en comparación con cualquier otro método de multiplicación (Arce y col., 1996).

❖ Propagación por óvulos

Los óvulos (*óvolis*) son vástagos subterráneos que no han llegado a desarrollarse, debido a la parada vegetativa de la planta en la etapa de desecación (Fig. 6.3). Se visualizan como pequeñas ramas (13 o 14 cm de altura y 1,0 a 3,5 cm de diámetro) cilíndricas sobre los rizomas con una yema lateral y varias apicales (Bianco., 1990).

Fig. 6.3. Óvulos obtenidos de rizomas seleccionados (izquierda). Brotación y desarrollo en semilleros (derecha).

Una planta es capaz de producir más de 20 *óvolis*, según la variedad. Por ejemplo, las variedades italianas "Catanese", "Spinoso sardo" o "Violeta de Provenza" generan excelentes óvulos, mientras que la variedad española "Blanca de Tudela" no es buena productora (Iranzo, 1995).

La recogida de los *óvolis* se produce durante los meses de verano (julio y agosto). Tras la recolección se pre-germinan durante una semana enterrados en paja para mantener su humedad, antes del posterior trasplante (Bianco, 1990).

6.1.2. Propagación gámica

La multiplicación de alcachofa mediante semilla comenzó a reducirse drásticamente en el siglo XVII, debido a la incorporación de nuevos métodos de propagación de tipo vegetativo, que proporcionaban plantas de mayor uniformidad y calidad que las generadas por semilla.

Fig. 6.4. Brotación y desarrollo de semillas de alcachofa

En los últimos años, hay una tendencia a recuperar la reproducción gámica, ya que los métodos vegetativos son caros, y la calidad y producción de los cultivos se ha visto mermada por el aumento de la durabilidad de los mismos. La reutilización de las alcachoferas durante 3 o 4 años impide que los terrenos de plantación tengan periodos de descanso, aumentando el número de trasmisiones de virosis y enfermedades bacterianas y fúngicas. Las mejoras en la técnica de propagación por semilla y el menor riesgo de enfermedades mediante este proceso, han hecho que se reabra una nueva vía de reproducción.

En los últimos 20 años se han desarrollado nuevas variedades de semillas, tanto por polinización abierta como híbrida, que mejoran el cultivo de la alcachofa. Estas nuevas variedades no han tenido la difusión esperada hasta la fecha (Bernal y col., 2005; Lo Bianco y col., 2011; Jana y col., 2011). La calidad de las alcachofas generadas con este método renovado es excelente, y el uso de semillas para el cultivo presenta numerosas ventajas (Basnizki y Zohary, 1994; Zaniboni, 2009, Infoagro, 2012):

- La cosecha es anual, permitiendo la rotación de cultivos y la renovación del terreno cada año, eliminando plagas y enfermedades presentes en el suelo de cultivo.
- Aumento en la densidad de plantación, obteniéndose producciones un 60-80% mayores que en el cultivo mediante esquejes (Jana y col., 2011; Infoagro, 2012).
- Los frutos no tienen espinas y son más resistentes a abrirse cuando alcanzan la madurez productiva.
- La siembra puede realizarse mecánicamente, ahorrando en mano de obra y costes de operación agrícola.
- Las plantas generadas mediante esta técnica desarrollan raíces más largas y verticales que las propagadas vegetativamente, aprovechando de forma más eficiente la humedad, los nutrientes y los fertilizantes añadidos al suelo (Foti y col., 2005).
- Facilidad de adquisición, almacenamiento y transporte de las semillas.

Las desventajas de la propagación gámica son las siguientes:

- Alto grado de heterocigosis, obteniéndose plantas no uniformes (Baixauli y Maroto, 2007).
- Producciones tardías. La cosecha se inicia a los 5 meses debido a que hay una fase de almácigo.
- Técnica de elevado costo, tanto de semillas como de elaboración de los plantones para el trasplante.
- Dependencia de las empresas suministradoras, en el caso de variedades híbridas.
- Para adelantar la producción hay que inducir la floración, y para ello se necesitan temperaturas bajas o el uso de una fitohormona, el ácido giberélico (GA3). Los mercados internacionales cada vez son más estrictos y demandan frutos libres de hormonas y pesticidas, por lo que el uso del GA3 cada vez está más limitado (Jana y col., 2011).

6.1.3. Micropropagación

La micropropagación de alcachofa es una técnica de cultivo "in vitro" que proporciona material sano para la plantación de esta hortaliza. Con este método se solventan muchos de los problemas que limitan la producción (Pècaut y col., 1985), como la baja tasa de multiplicación y las transmisiones de virus o enfermedades de origen bacteriano o fúngico.

El desarrollo de la micropropagación de alcachofa comenzó a finales de 1970, cuando De Leo y Greco (1976) emplearon semillas de esta planta para llevar a cabo sus experimentos de cultivo *in vitro*. No fue hasta los años 80, cuando Ancora y col. (1981), Harbaoui y col. (1982) y Pècaut y col. (1983), desarrollaron métodos eficientes y satisfactorios de micropropagación de alcachofa. El principal problema de esta técnica desde sus inicios ha sido el escaso enraizamiento de los brotes generados.

Los fragmentos de planta (explantes) que se utilizan, mayoritariamente, para obtener los clones de alcachofa son:

- Segmentos de rizoma

El uso del rizoma en el cultivo "in vitro" de alcachofa es anterior al cultivo de meristemos. De Leo y Greco (1976) fueron los primeros en el uso del rizoma como explante.

- Semillas

Benoit y Ducreux (1981) obtuvieron buenos resultados en la proliferación de las semillas como explantes, pero tuvieron problemas con el enraizamiento de los brotes producidos.

- Ápices meristemáticos

La micropropagación a partir de meristemas (Ancora y col., 1981) es la más utilizada actualmente (Fig. 6.5). Conlleva cuatro etapas:

(I) Desarrollo primario del cultivo: en esta primera etapa el ápice germina en el medio de cultivo adecuado.

(II) Multiplicación: los explantes supervivientes de la fase primaria originan brotes con varias hojas. Para estimular la proliferación de yemas auxiliares es importante el uso de hormonas en esta etapa.

Fig. 6.5. Micropropagación de alcachofa

(III) *Enraizamiento*: en ocasiones puede existir una etapa previa de pre-arraigado de los brotes, debido a los problemas de enraizamiento que conlleva el uso de esta técnica.

(IV) *Aclimatación*: Los brotes recién enraizados son muy sensibles a los cambios ambientales, necesitando un proceso de aclimatación para poder vivir en condiciones ambientales naturales (Fig. 6.6).

Mediante la micropropagación de alcachofa se consiguen plantas sanas, libres de virus y enfermedades ocasionadas por hongos o bacterias (Arce y col., 1996). En el caso de que el cultivo se realice a partir de meristemos, y para garantizar la ausencia de virus en la planta, es imprescindible que el ápice no supere los 0,8 mm (Harbaoui, 1982).

Fig. 6.6. Aclimatación de brotes de alcachofa obtenidos "in vitro"

La vigorosidad y productividad de las plantas generadas por cultivo *in vitro* es mucho mayor que las de las plantas producidas por métodos tradicionales (Saccardo y Ancora, 1984; Draoui y col., 1993). Además prácticamente no se dan marras de plantación (Infoagro, 2012). El único inconveniente es que la producción es tardía y en ocasiones se dan variaciones somaclonales heredables (Larkin y Scowcroft, 1981) y mutaciones indeseables.

6.2. Exigencias de la planta

6.2.1. Clima

Uno de los factores que más afectan a la calidad y producción del cultivo de alcachofa es el clima. Variables como la temperatura, humedad relativa y luz, influyen directamente sobre el desarrollo de la planta.

❖ Temperatura

La alcachofa es un cultivo típico de la zona mediterránea, que requiere climas suaves y templados, sin cambios bruscos de temperatura (Macua y col., 1996). La planta no es capaz de resistir temperaturas de congelación, dañándose sus estructuras aéreas entre -2 y -4ºC, mientras que las subterráneas lo hacen por debajo de -10ºC. Tampoco soportan bien temperaturas superiores a 30ºC de forma continuada (Maroto, 1995).

España cumple estos requisitos, aunque existen zonas de producción diferenciadas. En zonas con inviernos fríos y veranos suaves, como Navarra, el desarrollo de la planta tiene lugar desde marzo hasta los meses más fríos (diciembre, enero y febrero), en los cuales la planta entra en parada vegetativa. En zonas de cultivo del levante español, como Murcia y Alicante, con veranos excesivamente calurosos, el desarrollo del cultivo tiene lugar a partir de agosto, la producción es temprana y los cultivos se abandonan a partir de marzo puesto que las temperaturas rondan los 30ºC y los capítulos son de muy mala calidad (Fig. 6.7).

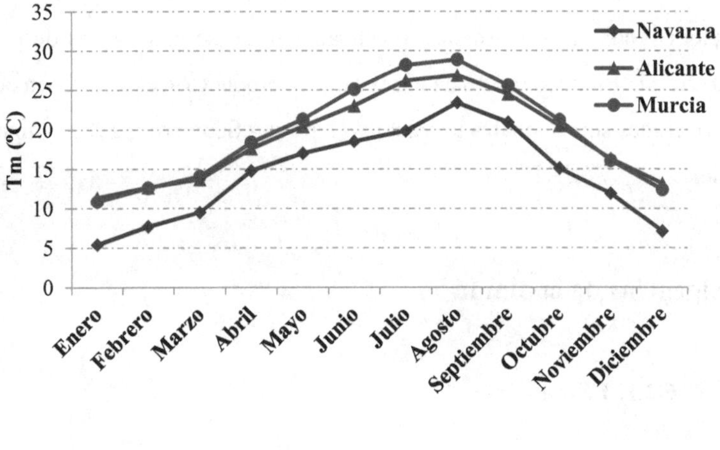

Fig. 6.7. Evolución de la temperatura durante el año 2011 (INE, 2012)

Existe otra zona de producción en España, aunque no muy extensa, que presenta unas peculiaridades propias. Se trata de la zona de producción agrícola de Zafarralla (Granada) que por su altitud presenta un microclima especial con inviernos muy fríos y veranos suaves. Por esta razón la plantación la realizan al final del invierno y cosechan en los meses de verano, cuando no existe producción en otras zonas españolas.

La temperatura óptima para el desarrollo de la planta depende, en gran medida, de la etapa fisiológica en la que se encuentre.

En la fase de desarrollo vegetativo, el rango de temperatura ideal para el crecimiento de la planta es de 12 a 20ºC. Durante la formación de las cabezuelas, el rango se hace más estrecho (15 - 18ºC) debido a la mayor sensibilidad de la planta, de modo que temperaturas superiores a 24ºC producen un alto grado de estrés en la planta, conduciendo a la formación de capítulos pequeños, abiertos y fibrosos (Rojas, 2011). Con temperaturas próximas a 0ºC, las brácteas que rodean a la cabezuela se vuelven blanquecinas causando lesiones por congelación, que afectan a la apariencia de la alcachofa. En la floración, la planta requiere temperaturas bajas, entre 7 y 10ºC, para garantizar una producción temprana (vernalización). La planta entra en periodo de reposo o parada de crecimiento cuando la temperatura es inferior a 5ºC (Sala y Carpintero, 1967) o superior a 30ºC (Gamayo, 1996; Macua y col., 1996).

- Humedad Relativa

El cultivo de alcachofa requiere humedades relativas elevadas (sobre el 60%) para garantizar la calidad de las cabezuelas producidas. La falta de humedad origina la apertura de las brácteas que rodean al capítulo, haciendo que se pierda la ternura de las mismas, y con ello, la alcachofa pierde su calidad (Infoagro, 2012).

❖ Luminosidad

La alcachofa es una planta de fotoperiodo largo (con un mínimo de 10,5 h). La cantidad de luz que recibe la planta influye en la temporada de floración y en la maduración de las alcachofas. Los cultivos más expuestos a la radiación solar tienden a adelantar la formación de las flores, y por tanto, la producción de alcachofas es más temprana.

6.2.2. Suelo

La alcachofa es una planta que necesita suelos profundos (de más de 80 cm) para desarrollarse de forma adecuada, debido a que posee un sistema radicular fuerte y penetrante. Los suelos fértiles, bien drenados y de textura franco-arenosa, arcillo-limosa o franco-arcillo-arenosa son los que mejor se adaptan a este tipo de cultivo (Cárdenas, 2006).

La planta de alcachofa se adapta a suelos ricos en carbonato cálcico (hasta un 45%) y ligeramente alcalinos (pH: 8,5), pero se desarrolla mejor en rangos de pH de 7- 8 (Sala y Carpintero, 1967). Además es capaz de resistir muy bien la salinidad, desarrollándose bien el cultivo hasta valores de 2,5 dS/m (Rojas, 2011). Cuando la salinidad supera los 4 dS/m, la planta puede presentar problemas de necrosis, enfermedades debidas a *Botrytis* y *Erwinia* y bajo rendimiento. Con valores superiores a 7 dS/m se detiene el desarrollo de la planta (Maroto, 1995).

En la zona del levante español, los suelos agrícolas son muy adecuados para el cultivo de alcachofa, debido a que poseen una textura arcillo-limosa, con buen drenaje, que impide el encharcamiento de la planta y el pudrimiento de la raíz. Los suelos agrícolas de la Huerta Murciana, la mayor productora de alcachofa de España, tienen un pH de 7,5-8, son calizos (35-40%) y salinos (3-4 dS/m) (Vidal, 2002). Estos valores los hacen aptos para el cultivo, y, aunque la salinidad es algo elevada, la variedad "Blanca de Tudela" se ha adaptado a estas condiciones.

Las actividades agrícolas tradicionales de este cultivo intensivo han generado problemas de degradación en el suelo (Porta y col., 1994; Aparicio-Tejo y col., 2000). La sensibilidad de la planta de alcachofa a la fatiga del suelo es grande, por lo que es importante la rotación de otros cultivos y el abonado adecuado.

6.2.3. Necesidades hídricas

La alcachofa es una planta que necesita grandes cantidades de agua para su desarrollo, sobre todo en las etapas de crecimiento vegetativo y producción de cabezuelas. Cuando el agua necesaria en estas etapas de mayor demanda no está disponible, se producen plantas poco vigorosas y cabezuelas pequeñas con brácteas fibrosas.

Las necesidades hídricas de la planta dependen de la temperatura, precipitaciones, textura del suelo, variedad, etc. El consumo medio del cultivo de alcachofa es de 7.000 a 10.000 m^3/ha por ciclo de cultivo (Serrano, 2006).

6.2.4. Requerimiento de nutrientes

La alcachofera necesita gran cantidad de nutrientes para su desarrollo, pero desde el punto de vista agronómico, nitrógeno, fósforo, potasio y magnesio son los elementos más importantes. El nitrógeno afecta principalmente al crecimiento vegetativo de la planta, mientras que el fósforo influye en la precocidad de producción de capítulos y en la calidad de los mismos. El potasio aporta vigorosidad a los tejidos, y resistencia a la sequía y las heladas, ya que disminuye la transpiración de la planta. El magnesio es fundamental, ya que participa en la formación de los pigmentos vegetales.

Cuando la alcachofa se cultiva de forma continua en un terreno sin aportar nutrientes, el rendimiento del cultivo va disminuyendo debido al agotamiento de los elementos esenciales antes mencionados (Loomis y Connor, 2002). Conocer el balance de nutrientes (diferencia entre el aporte de nutrientes y nutrientes extraídos por la planta) permite al agricultor llevar a cabo un buen manejo del cultivo, y por tanto, tener una buena producción agrícola.

En la tabla 6.1 se muestra el consumo de los principales nutrientes según el tipo de órgano vegetativo (Magnifico y Lattanzio, 1979). Las hojas y los tallos de las plantas extraen el 60% de N, el 50% de P_2O_5 y el 80% de K_2O, mientras que los capítulos consumen el 30% de Nitrógeno y fósforo, y un 45% de potasio. Las raíces son el órgano que menos elementos consume. Esto se debe principalmente a que las hojas, tallos y capítulos tienen un crecimiento mayor y requieren más nutrientes para su desarrollo.

La necesidad de nutrientes depende de la variedad de alcachofa cultivada, entre otros muchos factores. Diversos autores han estudiado la extracción de elementos esenciales en diferentes variedades obteniendo resultados que varían notablemente entre ellas (Tabla 6.1).

Tabla 2.1. Requerimiento de nutrientes de distintas variedades de alcachofa, por toneladas y hectáreas de material vegetal

Parte de la planta	Rto (t/ha)	Elementos extraídos (kg/ha)			
		N	P_2O5	K_20	MgO
Magnifico y Lattanzio (1979). Cv Locale Di Mola					
Hojas y tallos	70,2	172	22	215	-
Capítulos	29,4	89	14	123	-
Raíces	9,6	25	8	30	-
Total	109,2	286	44	268	-
Anstett (1965). Cv Gros Vert de Laon					
Capítulos	23,9	80	-	-	-
Total	82,26	229	104	478	31
Pomares y col. (1995). Cv Blanca de Tudela					
Capítulos	22,5	75	29	115	16
Total	-	271	87	575	62

Otro factor que influye notablemente en la necesidad de nutrientes es la fase fisiológica en la que se encuentra la planta. Pomares (1991) y Magnífico y Lattanzio (1979) estudiaron las extracciones de nutrientes durante todo el ciclo biológico de la alcachofa (Tabla 6.2). Los resultados de estos autores muestran un mayor requerimiento nutricional de la planta durante los meses de formación de las cabezuelas.

Tabla 6.2. Extracción de nutrientes durante el ciclo de cultivo de la alcachofa

Intervalo (días)	**Extracción de nutrientes (kg/ha)**				
	N	P_2O_5	K_2O	Ca	Mg
0-30	7,5	2,5	7,0	4,5	1,2
31-60	12,5	5,0	17,5	7,5	2,0
61-90	42,5	17,5	52,5	22,5	6,0
91-120	22,5	7,5	28,0	15	4,0
121-150	12,5	6,2	17,5	7,5	2,0
151-180	22,5	8,7	17,5	7,5	2,0
181-210	47,5	20,0	38,5	30,0	8,0
211-240	60,0	27,5	94,5	30,0	8,0
22,5	30,0	38,5	10,5	10,5	2,8
Total	250	125	350	150	40

6.3. Aspectos agronómicos del cultivo

6.3.1. Preparación del terreno

El cultivo de alcachofa requiere una preparación previa del suelo de plantación para asegurar la vida de la planta durante los años que permanezca en el terreno. El sistema radicular de la planta es fuerte y penetrante, pero es muy sensible a la asfixia, por lo que es necesario llevar a cabo labores de labrado y de acondicionamiento del suelo.

❖ Labores de subsolado, alzar y grada

El subsolado consiste en el arado del terreno a unos 40 o 50 cm de profundidad, rompiendo las capas compactas e impermeables del suelo para facilitar la penetración de las raíces de la planta de alcachofa. Tras este arado profundo, el terreno se va levantando con una vertedera a una profundidad de 30 cm; o, en el caso de no querer mezclar la tierra, se puede usar un cultivador (alzar). La finalidad de ambas operaciones es proporcionar un terreno uniforme, aireado y con buen drenaje.

Fig. 6.8. Subsolado del terreno (izquierda) y labor de grada (derecha)

Las operaciones de grada eliminan los terrones del suelo y las malas hierbas, dejando el terreno mullido y homogéneo, listo para la plantación o siembra. Es en esta etapa cuando se añade el abono previo a la plantación y los desinfectantes.

❖ Operaciones de corte del terreno

El cultivo de alcachofa puede realizarse en llano o en caballones (montículos de tierra de 30 cm de altura, en hileras separadas a 1,4 m). En España, se prefiere el cultivo en caballón, ya que de este modo se evitan daños en las plantas por el exceso de humedad.

Fig. 6.9. Cultivo de alcachofa en llano (izquierda) y en caballón (derecha)

❖ Desinfección del terreno y abonado de fondo

El abonado de fondo dependerá del tipo de suelo de cultivo, por lo que es necesario un análisis previo para conocer la dosis necesaria de elementos nutritivos. 30 días antes de la siembra o plantación, se puede añadir un máximo de 40 t/ha de estiércol maduro, hasta alcanzar un 1,5% de materia orgánica. En el caso de que no se añada M.O. es posible aplicar un máximo de 100 U.F./ha de nitrógeno procedente de fertilizantes minerales. En función del análisis del suelo, se puede añadir entre 65-120 U.F./ha de P_2O_5 y 100-200 U.F./ha de K_2O, dependiendo de si el suelo es pobre o no en estos elementos (Gil-Albarellos y col., 2011).

Cuando los suelos tienen problemas de insectos, nematodos u hongos, se pueden añadir fitofármacos polivalentes o específicos al terreno antes de la plantación del cultivo, para garantizar que las plantas crezcan libres de enfermedades ocasionadas por estos organismos.

6.3.2. Siembra y plantación

Como se ha mencionado en el apartado 6.1, la alcachofa puede multiplicarse a través de semillas o de material vegetativo (zuecas, hijuelos, *óvolis*, etc.).

❖ Siembra

Las semillas pueden sembrarse directamente en campo abierto o en semillero. Actualmente, la segunda opción es la más empleada por los agricultores, ya que el precio de las semillas híbridas que se utilizan es muy alto y su siembra directa origina plantas poco homogéneas.

La siembra en grandes extensiones de terreno se realiza mecánicamente, mediante una sembradora que coloca dos o tres semillas cada 60 o 90 cm, usando surcos de 1,5 m de ancho. La densidad de siembra puede llegar a 27.000 semillas/ha (Serrano, 2006).

Cuando la siembra se realiza en semillero, la germinación (a los 6 o 7 días) se produce en cámaras en las que se controla la temperatura, humedad, etc., garantizando la homogeneidad de la germinación. Cuando el brote tiene entre 4 y 6 hojas (entre 40 a 50 días) ya está listo para trasplantarlo al terreno definitivo. Una vez trasplantados los brotes, se riegan para asegurar un buen agarre de las plantas.

❖ Trasplante de material vegetal

La plantación de zuecas, hijuelos, etc. se realiza normalmente de forma manual, aunque es posible hacerlo con trasplantadoras. Se preparan hoyos separados 0,8 m, donde posteriormente se coloca el material vegetal. Si hay varias hileras de plantación estas deben estar separadas al menos 1 m. Pueden llegar a plantarse entre 7.000 y 10.000 plantas por hectárea (Calabrese, 2009). Si el cultivo se riega por gotero, las plantas deben separarse de la tubería 10 o 15 cm, para evitar que se pudra la raíz.

Cuando se trasplantan zuecas, es recomendable la desinfección previa de éstas para garantizar un cultivo libre de enfermedades. Además es necesario que las yemas basales queden bajo tierra para garantizar el agarre de la planta. En el caso del trasplante de hijuelos hay que tener la precaución de que el punto de crecimiento no quede enterrado. Al igual que con los brotes generados en semillero, el material vegetal recién plantado requiere un riego inicial, o un riego previo a la plantación.

❖ Fecha de plantación

La tabla 6.3 muestra las fechas de plantación adecuadas para cada país productor. Los países mediterráneos como España, Argelia y Egipto plantan el material vegetal entre junio y septiembre, mientras que en Francia e Italia la plantación comienza en periodo primaveral, alargándose en este último país hasta noviembre. En el hemisferio sur las fechas de plantación son más variables y dependen del tipo de propagación usado. Por ejemplo, en Chile la plantación con zuecas se hace en los meses de diciembre a febrero, mientras que la plantación mediante hijuelos comienza más tarde, de marzo a junio (Macua, 2007).

Tabla 6.3. Época de plantación de países productores de alcachofa

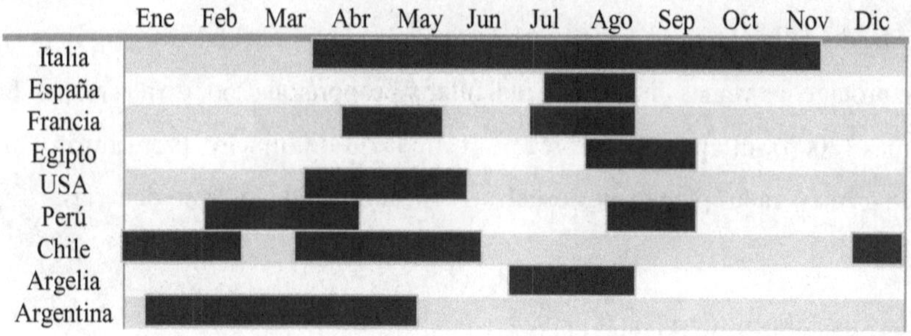

Informe especial 2003. Navarra Agraria

Como ya se ha mencionado, la variedad de alcachofa más cultivada en España es "Blanca de Tudela". Para este cultivo la fecha de plantación más apropiada es la segunda quincena de julio y la primera de agosto. No obstante, en muchas ocasiones se adelanta la fecha de plantación para conseguir producciones más precoces, aún a riesgo de que se presenten enfermedades en el cultivo debido al calor (Macua y col., 2009).

6.3.3. Otras labores

❖ <u>Reposición de marras de plantación</u>

Después de la plantación de esquejes, hijuelos o brotes de alcachofa, son frecuentes los fallos de plantación, es decir, plantas que no han agarrado en el terreno. Para solventar este problema, es posible reponer el material vegetal a los 15 o 20 días de la plantación inicial.

❖ <u>Aporque</u>

El recalzado de la planta en los meses previos a la entrada del frío es muy importante, ya que protege las yemas del sistema radicular y proporciona soporte a la planta. Según Cárdenas (2006), el aporque favorece la formación de hijuelos prematuros. Cuando llega la primavera las plantas de descalzan con sumo cuidado de no dañarlas.

❖ <u>Aplicación de ácido giberélico</u>

Las giberelinas son fitorreguladores que se sintetizan de forma natural en los meristemos apicales y las semillas de las plantas, promoviendo el crecimiento del tallo y la floración (Trigo y López, 1984).

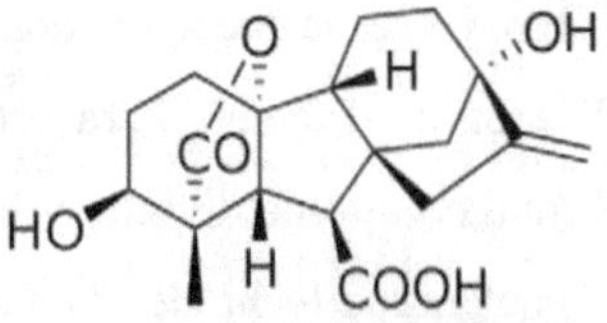

Fig. 6.10. Estructura del ácido giberélico (GA3)

La planta de alcachofa necesita unas condiciones mínimas de frío para poder iniciar el proceso de floración. Aplicar a la planta giberelinas tiene el mismo efecto que la vernalización. Esta acción se aprovecha comercialmente mediante el empleo de ácido giberélico -GA3- (Fig. 6.10) para obtener producción precoz de alcachofa, en otoño e invierno, que es la más interesante comercialmente en la zona mediterránea (Maroto, 2007).

Se puede realizar un tratamiento con GA3 a los 40 días del trasplante y dar dos o tres aplicaciones más, de 20 a 60 ppm, dependiendo de la variedad de alcachofa cultivada.

❖ Control de malezas

Junto con el cultivo de alcachofa se desarrollan malas hierbas que compiten por los nutrientes y el agua, además de proporcionar un hábitat ideal para plagas de insectos y otros patógenos. Algunas de las malezas más abundantes son: *Portulaca oleracea* L., *Digitaria sanguinalis* L., *Amaranthus spp*, *Sonchus spp* y *Chenopodium álbum* L. Estas plantas se pueden eliminar mediante escarda manual o química (mediante herbicidas) (Bianco, 1990).

Tabla 6.4. Herbicidas autorizados para el cultivo de alcachofa

Herbicidas	**Modo de aplicación**		**Modo de acción**		**Monocotiledóneas**		**Dicotiledóneas**	
	Pre-plantación	Post-plantación	Pre-emergencia	Post-emergencia	Anual	Perenne	Anual	Perenne
Glifosato	■			■	■	■	■	■
Linurón		■	■		■		■	
Oxifluorfén		■	■	■	■		■	
Pendimetalina	■		■		■		■	

Gil-Albarellos y col. (2011)

Los herbicidas permitidos para acabar con las malas hierbas son el Glifosato, Oxifluorfén, Linurón, y Pendimetalina (Tabla 6.4). Estos químicos se aplican dependiendo de varios factores: tipo de planta con la que se quiere acabar, modo de acción (pre o post-emergencia), modo de aplicación del herbicida (antes o después de la plantación), etc (Gil-Albarellos y col., 2011).

❖ Deshijadura y deshoje

La deshijadura consiste en eliminar algunos hijuelos laterales de la planta para regular la producción. Los hijuelos recogidos pueden usarse para replantación en el terreno o para viveros. Esta operación suele ir acompañada de la eliminación de hojas viejas (deshoje) que, normalmente, están en contacto con el suelo. Estas labores son muy costosas, ya que se hacen a mano y requieren muchas horas de trabajo.

❖ Poda

Una vez terminada la cosecha de capítulos, cuando la planta comienza a secarse, ésta se corta a unos 10 cm del suelo para que se desarrollen nuevas plantas en el siguiente ciclo productivo, a partir de las zuecas que quedan en el terreno.

6.3.4. Fertilización

La fertilización del cultivo de alcachofa se divide en dos etapas: el abonado de fondo y el de cobertura. El primero se aplica durante la preparación del terreno. La cantidad de nutrientes que se añaden depende de las necesidades de la planta y del resultado del análisis de elementos nutritivos presentes en el suelo.

El abonado de cobertura se realiza atendiendo la demanda de nutrientes de la planta durante todo su ciclo de vida. La aplicación del abono vía suelo es preferible a la aplicación foliar (Gil-Albarellos, 2011). Una técnica que garantiza la absorción de los nutrientes en el suelo es la fertirrigación (Burt y col., 1998). En la tabla 6.5 se muestra un ejemplo de programa de fertirrigación propuesto por Rincón (1996), en la región de Murcia.

Tabla 6.5. Programa de fertirrigación (Rincón, 1996)

Intervalo (días)	Abonado de cobertura kg/ha.día				
	Nitrato cálcico	Fosfato monoamónico	Sulfato potásico	Sulfato de Magnesio	Nitrato amónico
0-30	-	-	-	-	-
31-60	1,47	0,27	1,16	0,70	0,50
61-90	4,41	0,95	3,50	2,00	1,87
91-120	2,94	0,41	1,86	1,33	0,75
121-150	1,47	0,34	1,16	0,70	0,45
151-180	4,41	0,47	3,73	2,00	0,05
181-210	5,88	0,10	2,56	2,67	1,65
211- 240	5,88	1,50	6,30	2,67	2,75
241- 270	2,06	1,64	2,56	0,93	0,75

6.3.5. Riego

La alcachofa es un cultivo que tiene una necesidad de agua elevada debido al gran desarrollo vegetativo de la planta. El equilibrio hídrico es muy importante, ya que un déficit de agua puede afectar al crecimiento de la planta y a la calidad de las cabezuelas de alcachofa; al contrario, un exceso de agua puede provocar la podredumbre de las raíces (Espelta y col., 1984).

Cuando se realiza la plantación, hay que dar un riego abundante (35-40 L/m^2) para impedir la deshidratación del material vegetal. Pasados 3 o 4 días se procede a dar otro riego (10-20 L/m^2), que se repite unos días después para garantizar el agarre de la planta. En estas primeras semanas hay que tener la precaución de no regar excesivamente para no asfixiar las raíces, ya que se producirían numerosas marras de plantación (López y col., 2007).

Durante los siguientes meses de desarrollo del cultivo, el riego dependerá de las necesidades hídricas de la planta según el periodo de crecimiento y de la climatología (temperatura y precipitaciones), pudiendo programarse semanalmente los riegos dependiendo de estos factores.

Entre los principales sistemas de riego, el riego por aspersión no es apto para la alcachofa debido, principalmente, al gran desarrollo foliar de la planta. La humedad que se genera en la parte baja de las hojas de la planta propicia un hábitat para hongos y bacterias capaces de desarrollar enfermedades. El riego a manta se ha utilizado tradicionalmente en la zona mediterránea durante muchos años, pero en la actualidad se está sustituyendo por el riego localizado. La disminución del uso de esta técnica de debe, entre otros motivos, al alto número de marras en la plantación debido al exceso de agua en esta fase de riego. En el riego localizado y mediante un sistema de goteros, el agua cae directamente en las proximidades de la raíz de la planta (Fig. 6.11). Este hecho hace que el riego por goteo sea muy efectivo, ya que optimiza el agua y puede emplearse para abonar el cultivo al mismo tiempo (fertirrigación). Actualmente, es el método de riego más usado en la Región de Murcia.

Fig. 6.11. Riego por goteo de un cultivo de alcachofa

6.4. Plagas y enfermedades que afectan a la alcachofa

6.4.1. Parásitos animales

Los parásitos animales que atacan a la alcachofera son capaces de dañar las hojas, tallos, capítulos e incluso las raíces de la planta, afectando seriamente a la producción y calidad del cultivo.

Las principales plagas que amenazan a la alcachofa son: lepidópteros noctuidos, coleópteros, áfidos, dípteros minadores, ácaros, nematodos, caracoles, babosas y pequeños mamíferos como ratones y topillos. A continuación se detallan los más importantes (García, 1999; Gil-Ortega, 1999; Maroto, 2002):

❖ Barrenador o taladro (*Gortyna xanthenes*)

Es la plaga más preocupante del cultivo de la alcachofa, ya que afecta al interior de la planta, ocasionando daños importantes que reducen la producción hasta en un 80-90% en cultivos de tercer año (Balmaseda, 1970).

Fig. 6.12. Larva de Gortyna xanthenes y daños causados por la misma en una planta de alcachofa

Las larvas del lepidóptero noctuido *Gortyna xanthenes* mordisquean las hojas de la alcachofera, penetrando en las nerviaciones de la planta hasta llegar a los tallos e incluso los capítulos (Fig. 6.12). En el tallo principal crean pequeñas galerías que cortan el paso de la savia, mermando el crecimiento de la planta y la vida de la misma.

❖ Insectos defoliadores

Los insectos defoliadores atacan la parte aérea de la alcachofera, mordisqueando las hojas de las plantas adultas y los brotes jóvenes. Algunos parásitos, además, crean túneles en las nervaduras de las hojas y los tallos, causando necrosis en los tejidos y otros daños importantes. Este es el caso del Minador o submarino (*Agrozyma*) y de la Pulguilla de la alcachofa (*Sphaeroderma rubidum*). Otros insectos que pertenecen al grupo de parásitos defoliadores son: Vanesa *(Pyrameis cardui)*, Rosquilla negra

(*Spodoptera littoralis*), Rosquilla verde (*Spodoptera exigua*), *Apion carduorum, Cassida defflorata,* Araña Roja *(Tetranyclues urticae)* etc.

Fig. 6.13. Adulto de Cassida defflorata y larvas en hoja de alcachofa (izquierda), y oruga de Pyrameis cardui alimentándose (derecha).

❖ Gusanos del suelo

En España, los más abundantes son los gusanos grises de la especie *Agrotis segetum* y los gusanos del alambre (*Agriotes lineatus*). Estos últimos son larvas que dañan el sistema radicular de la planta, afectando a su desarrollo; mientras que los gusanos grises atacan durante el día, desde el suelo, mordiendo los tallos y brotes más tiernos. También devoran hojas y capítulos durante la noche.

Fig. 6.14. Agrotis segetum (izquierda) y Agriotes lineatus (derecha).

❖ Pulgones

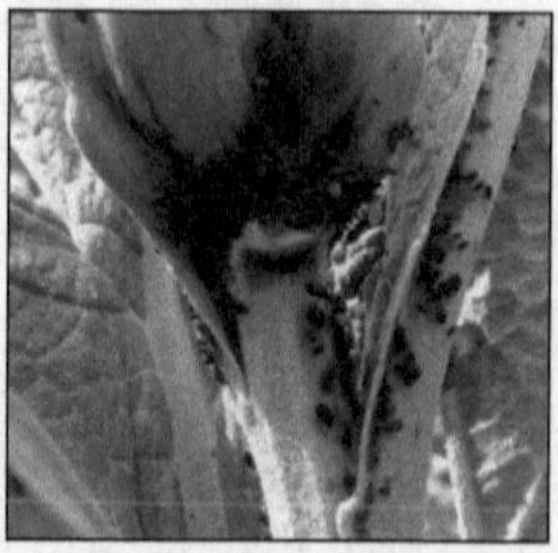

Fig. 6.15. Pulgón negro en cabezuela de alcachofa

Los pulgones se agrupan en las hojas, capítulos e incluso en las raíces de la alcachofera formando colonias que causan problemas de desarrollo en la planta y, en ocasiones, marchitez en las hojas. El pulgón verde de la alcachofa (*Capitophorus horni*) ataca únicamente a las hojas, mientras que el pulgón verde del cardo (*Brachycaudus cardui*) y el pulgón negro de las habas (*Aphis fabae*) afecta tanto a las hojas como a los capítulos (Fig. 6.15). Según Sala y Carpintero (1967), las especies *Protrama spp* y *Trama spp* se reproducen en el sistema radicular ocasionando retraso en el crecimiento de la planta.

Los pulgones son responsables indirectos de algunos casos de enfermedades fúngicas y virosis. La trasmisión de virus se da cuando la larva del pulgón se alimenta de una planta infectada y, de este modo, el virus se multiplica en el adulto infesto. Por otro lado, la melaza segregada por las larvas de estos insectos actúa como medio de crecimiento de hongos.

❖ Nematodos

Los nematodos ocasionan pérdida de vigor y de desarrollo en la planta de alcachofa. Algunos de estos organismos generan hipertrofias en el sistema radicular. Los géneros de nematodos más habituales en la alcachofera son: *Meloidogyne*, *Aphelenchus* y *Pratylenchus* (Fig. 6.16).

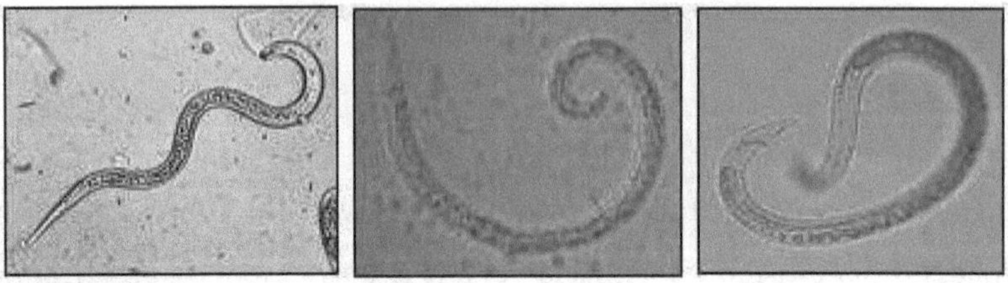

Fig. 6.16. Microfotografías de Meloidogyne (i), Aphelenchus (c) y Pratylenchus (d)

❖ Caracoles y babosas y pequeños mamíferos

Los caracoles (*Helix spp*) y babosas (*Agriolimax agrestis*) dañan la vegetación de la planta de alcachofa. Se alimentan de las hojas, cabezuelas y tallos, dejando agujeros claramente visibles (Fig. 6.17).

Fig. 6.17. Daños causados por caracoles

El caso de los roedores y topos es mucho más grave. Estos pequeños mamíferos perforan las raíces y dañan la yema apical de la planta, haciendo que la alcachofera comience a perder vigor, se marchiten sus hojas y finalmente muera.

6.4.2. Enfermedades

Las enfermedades que afectan a los cultivos de alcachofa suelen ser de origen fúngico, aunque también es frecuente encontrar plantaciones dañadas por enfermedades bacterianas o por virus. Las enfermedades más frecuentes de la alcachofa son (Gil-Ortega, 1999; Maroto, 2002):

❖ Enfermedades criptogámicas

Como se ha comentado anteriormente, la principal vía de propagación de la alcachofa es mediante material vegetal. Los hongos del suelo son, mayoritariamente, los responsables de las marras de plantación y el mal desarrollo de las plantas generadas a partir de este sistema de multiplicación. Por este motivo es importante la desinfección previa del material vegetal de plantación y del terreno de cultivo. Algunos microorganismos destacables dentro de este grupo son: *Rhizoctonia solani* y *Verticillium dahliae.*

El hongo *Rhizoctonia solani* parasita, principalmente, las raíces de las plantas en sus primeras etapas de crecimiento, haciendo que se marchiten a los pocos días de haber brotado.

Verticillium dahliae es el hongo que mayores problemas genera en los cultivos de la zona del sudeste español (Cebolla y col., 2004; Armengol y col., 2005), debido a la dureza de sus ataques y a la dificultad de control de la enfermedad (Cirulli y col., 1994; Goud y col., 2004). El hongo penetra en la planta a través de las raíces, infectando los vasos de las hojas y los tallos de la planta. Los síntomas de la verticilosis son: pérdida de vigor, amarilleamiento o manchas en las hojas y desecación de tallos y hojas (Fig. 6.18). La enfermedad tiene un carácter unilateral. Dependiendo de las condiciones climáticas, la enfermedad se manifiesta de forma más o menos acusada, e incluso, dentro de una misma planta pueden existir zonas con síntomas de la enfermedad y otras zonas aparentemente sanas.

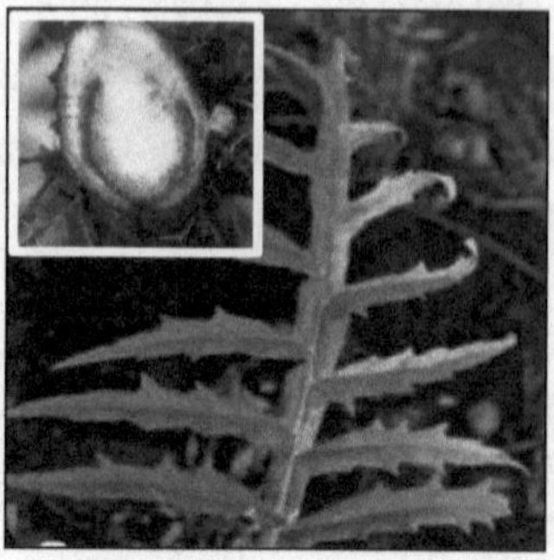

Fig. 6.18. Planta de alcachofa con verticilosis (Fotografías extraídas de Cirulli y col., 2010)

Otros hongos atacan a la parte aérea de la planta. Este es el caso de *Leveillula taurica,* responsable de la Oidiopsis, una enfermedad muy común en la zona mediterránea que forma un micelio blanco-grisáceo sobre el envés de la hoja y manchas amarillas sobre el haz, que pueden desembocar en necrosis e incluso la muerte de la planta (Mauricio y Leal, 2011).

Fig. 6.19. Micelio blanco de Livellula taurica

Ramularia cynarae y Bremia lactucae son hongos que también causan problemas en las hojas, mientras que *Botrytis cinérea* y *Ascochyta cynarae* suelen afectar en mayor medida a los capítulos de la planta.

Existe una enfermedad denominada Roya de cabeza, que consiste en el ennegrecimiento y necrosis de las brácteas de las cabezuelas de alcachofa, de la cual se desconoce la causa de su aparición (Fig. 6.20). Algunos autores la asocian a los hongos del género *Ascochyta*, pero actualmente se cree que estos organismos crecen como consecuencia del tejido muerto y no son realmente los causantes de esta fisiopatía. Los estudios más recientes la relacionan con el estado sanitario de las raíces, la humedad del suelo y la absorción de nutrientes (Parra y col., 2012).

Fig. 6.20. Roya de cabeza en alcachofa. (Fotografía extraída de Parra y col., 2012).

❖ <u>Enfermedades bacterianas</u>

Una de las enfermedades bacterianas más comunes de este cultivo es la "Grasa de la alcachofa". La responsable es una bacteria del género *Xanthomonas* que penetra en la planta a través de las heridas provocadas por las heladas, desarrollándose en su interior si los días posteriores son cálidos y húmedos. Este organismo produce manchas traslúcidas y aceitosas sobre el capítulo, que en ocasiones termina con necrosis parcial de las brácteas que lo rodean.

Erwinia carotovora es la bacteria responsable de la llamada "Podredumbre bacteriana". Este organismo penetra en la planta a través de las heridas, produciendo la podredumbre del cuello de la alcachofera y provocando el marchitamiento de la misma.

❖ Virus

Se han encontrado más de 23 especies de virus en cultivos de alcachofa y de cardo en diversas zonas de la Cuenca Mediterránea y Europa (Gallitelli y col., 2004). En España, los principales virus que dañan la alcachofa son: el virus del bronceado del tomate (TSWV), virus de la degeneración de la alcachofa (ADV) y el virus latente de la alcachofa (ALV). Estos virus se trasmiten indirectamente a través de insectos que dañan los cultivos de alcachofa. Los síntomas que provocan estos virus en la planta son variables. Normalmente se manifiestan con pérdidas de vigor y de producción, en mayor o menor medida, pero es complicado relacionar estos síntomas con un determinado virus.

El TSWV no solo afecta a la alcachofa, también daña cultivos de tomate, lechuga o pimientos. Este virus se manifiesta con manchas plateadas en las hojas, capítulos deformes, necrosis y marchitamiento. El ALV no produce síntomas en la planta en su estado inicial, pero conforme se desarrolla, produce pérdida de vigor y manchas amarillas en algunas hojas. Por último, el ADV fue identificado por primera vez por Peña-Iglesias y Ayuso-Gonzales (1972) en plantas de la especie "Blanca de Tudela". Este virus provoca una degeneración de la planta que causa retraso en el crecimiento y disminución del rendimiento. La naturaleza viral de esta degeneración fue cuestionada por Welvaert y Zitouni (1974) y Welvaert y Van Vaenenberg (1981), los cuales determinaron que además de ser una enfermedad ocasionada por virus, intervienen bacterias y otros factores bióticos.

Para controlar las plagas de insectos, hongos y bacterias que dañan los cultivos se pueden usar diferentes métodos: agentes químicos específicos para cada organismo, uso de feromonas en el caso de insectos y medidas culturales como la renovación anual de los cultivares, selección de material vegetal sano para la plantación, eliminación de plantas afectadas, etc. (Tabla 6.6).

El uso de productos fitosanitarios en España se rige por las directrices establecidas por la Unión Europea, según los Reglamentos (CE) Nº 1107/2009 y (CE) Nº 396/2005, que recogen las sustancias activas que se pueden usar en un producto fitosanitario y los LMRs (límites máximos de residuos) de las mismas en los alimentos como consecuencia del uso de estos productos. Finalmente, el Ministerio de Agricultura, Pesca y Alimentación (MAPA) se encarga de decidir sobre qué productos fitosanitarios se pueden usar o comercializar en España.

Los métodos de control de virus distan de los utilizados para la eliminación de plagas, hongos y bacterias. En este caso no es posible la utilización de productos químicos que eviten la multiplicación del virus, ya que éstos necesitan hospedar células para sobrevivir y éstas se verían afectadas también. Además no hay agentes químicos que impidan la entrada del virus en las células. Por todo ello, el control de la virosis es complicado. Las principales vías de prevención contra virus son: las prácticas culturales anteriormente mencionadas, el uso de semillas para la propagación del cultivo y la multiplicación mediante meristemos. La propagación por semillas no resuelve el problema para algunos virus como el ALV que también puede transmitirse durante la polinización (Gallitelli y col, 2004; Acquadro y col., 2010).

Tabla 6.6. Medidas de control de plagas y enfermedades fúngicas y bacterianas en el cultivo de alcachofa en España.

	CONTROL QUÍMICO	**CONTROL NO QUÍMICO**
PLAGAS	**Sustancias activas autorizadas por el reglamento (UE) Nº 1107/2009*	
Taladro (*Gortyna xanthenes*)	Alfa-cipermetrin, cipermetrin, deltametrin, clorpirifos, tau-fluvalinato.	Uso de material vegetal de plantación sano Uso de Feromonas
Submarino (*Agromyza*)	Clorfirifos, deltametrin, tau-fluvalinato, Azadiractin	
Insectos defoliadores (*Vanessa cardui, Spodoptera, Apion carducirum, Cassida defflorata,* etc)	Alfa-cipermetrin, cipermetrin, deltametrin, clopirifos, tau-fluvalinato.	Eliminación de malas hierbas

Gusanos del suelo (*Agrotis segetum* y *Agriotes lineatus*)	Alfa-cipermetrin, cipermetrin, deltametrin, Clorpirifos, carbaril, tau-fluvalinato.	Uso de polilleros
Pulgones (*Capitophorus horni, Brachicaudus cardui, Aphis fabae*)	Deltametrin, pirimicarb, acefato, imidacloprid, endosulfan.	Trampas cromáticas
Nematodos (*Meloidogyne, Aphelenchus* y *Pratylenchus*)	Dicloropreno, carbofuran, oxamilo.	
Caracoles y babosas	Metaldehído, metiocarb.	
Topillos y roedores	Endosulfan, brodifacoum, bromadiolona.	Perros Ratoneros
ENFERMEDADES		
Rhizoctonia solani	Flutolanil, pencicuron, metiltiofanato	Uso de material vegetal de plantación sano Evitar el exceso de riego al inicio de la plantación Buena fertilización del suelo
Oidiopsis *(Leveillula taurica)*	Azufre coloidal, penconazol, tetraconazol, triadimenol	Evitar el exceso de humedad del suelo
Grasa, Podredumbre bacteriana, *Botytis* y *Ascochita*	Compuestos cúpricos (preventivo)	
Mildiu *(Bremia lactucae)* y Viruela (*Ramularia cynarae*)	Compuestos cúpricos, captan	Marcos de plantación poco densos Limpieza de follaje
Verticilosis *(Verticillium dahliae)*	-	Rotación de cultivos Destrucción de plantas afectadas Material de plantación sano Eliminación de malas hierbas

Elaboración propia a partir de García (1999), Gil-Ortega (1999) y Gil-Albarellos (2011).

6.5. Recolección

La época de cosecha de la alcachofa en España varía en función de la zona de cultivo, fecha de plantación y variedades cultivadas. Para el cultivar "Blanca de Tudela", la variedad más usada en el país, la recolección en la zona mediterránea (C. Valenciana, Murcia y Andalucía) se extiende desde Octubre hasta Mayo o Junio ininterrumpidamente; mientras que en las zonas más frías (Navarra, La Rioja, Castilla la Mancha, etc.), la temporada de recolección es de Marzo a Mayo. En los años menos fríos, la recolección en estas Comunidades puede adelantarse a los meses otoñales (Gil-Ortega, 1999a).

Cuando se usan variedades de semilla, la recolección es más tardía, ya que la producción en otoño es nula si no se usan agentes vernalizantes (Esteva y Martínez-Tomé, 2002).

Como se ha comentado anteriormente, la época de plantación también influye en la fecha de recolección. En muchas ocasiones se adelanta la plantación para conseguir cultivares precoces que dan mayor valor a la alcachofa en el mercado (Macua y col., 2009).

La alcachofa se recoge cuando los capítulos florales son inmaduros y aún no se han desarrollado las flores (Cravero y col., 2012). Las brácteas de los capítulos deben estar cerradas, compactas y ser tiernas. Además, las cabezuelas deben estar exentas de pilosidad, tener un tamaño adecuado y no presentar defectos o daños, ya que afectaría en gran medida a su posterior comercialización. El tamaño de las alcachofas varía en función de la variedad y de su destino. Por ejemplo, las cabezuelas de la variedad "Blanca de Tudela" se recolectan para el mercado en fresco cuando pesan entre 130 y 160 gramos, mientras que para la industria son válidas las cabezuelas de 80 a 100 g. El mercado exterior demanda alcachofas de mayor tamaño (Gil-Ortega, 1999a).

El proceso de recolección se realiza a mano y a primera hora de la mañana para impedir la deshidratación de la alcachofa. La cabezuela se corta con parte del tallo (4-5 cm para el mercado interior, y de 15-20 cm para exportación) para retrasar lo máximo posible el marchitamiento del producto. Durante los meses de producción, se van realizando múltiples pasadas según el desarrollo de la planta.

Fig. 6.21. Corte manual de alcachofa

La cantidad recolectada varía en función de la variedad cultivada y la edad de la planta, entre otros muchos aspectos. Las plantas de segundo y tercer año dan producciones menores y de peor calidad que las alcachoferas jóvenes. En España el número medio de cabezuelas recolectadas por hectárea se encuentra entre 100.000 y 200.000 (Macua y col., 1999).

7. Referencias

Acquadro A., Papanice M.A., Lanteri S., Bottalico G., Portis E., Campanale A., Finetti-Sialer M.M., Mascia T., Sumerano P., Gallitelli D., 2010. Production and fingerprinting of virus-free clones in a reflowering globe artichoke. Plant Cell, Tissue and Organ Culture, 100: 329-337.

Ahvenainen R., 1996. New approaches in improving the shelf life of minimally processed fruit and vegetables. Trends in Food Science and Technology, 7: 179-187.

Ancora G., Belli-Donini M.L., Cuozzo L., 1981. Globe artichoke plants obtained from shoot apices through rapid in vitro micropropagation. Scientia Horticulturae, 14: 207-213.

Anstett, A., 1965. Les exportations de espèces légumières en maraichage de pleine terre. Bulletin Technique d'Information, 200: 459-567.

Aparicio-Tejo P.M., Lasa B., Frechilla S., Muro J., Quemada M., Arrese-Igor C., Lamsfus C., 2000. La nutrición mineral en ecosistemas agrícolas y naturales y el medio ambiente. Actas VIII Simposio Nacional-IV Ibérico sobre Nutrición Mineral de las Plantas.

Angiosperm Phylogeny Group III (APG III). Bremer B., Bremer K., Chase M.W., Fay M.F., Reveal J.L., Soltis D.E., Soltis P.S., Stevens P.F., Andenberg A., Moore M.J., Olmstead R.G., Rudall P.J., Sytsma K.J., Tank D.C., Wurdack K., Xiang J.Q., Zmarzty S., 2009. An update of the Angiosperm Pylogeny Group classification for the orders and families of flowering plants: APG III. Botanical Journal of the Linnean Society, 161: 105-121.

Arce P., Gil R., Macua J.I., Villa F., 1996. Aplicación de las técnicas de cultivo in vitro a la mejora de la alcachofa. 1ª Jornadas Técnicas de Alcachofa, pp. 114-121.

Armengol J., Berbegal M., Giménez-Jaime A., Romero S., Beltrán R., Vicent A., Ortega A., and García-Jiménez J., 2005. Incidence of Verticillium wilt of artichoke in Eastern Spain and role of inoculum sources on crop infection. Phytoparasitica, 33: 397-405.

Baixauli C., Maroto J.V., 2007. Cvs de alcachofa propagable por semilla, respuesta al ácido giberélico. Nuevas variedades de reproducción por semilla y técnicas de producción en alcachofa. Tesis Doctoral del Departamento de Producción Vegetal de la Universidad Politécnica de Valencia.

Balmaseda J.L., 1970. Protección fitosanitaria de la alcachofa. Agricultura. Revista Agropecuaria, 460: 547-550.

Bartual R., 1985. IV cursos internacionales de horticultura en climas áridos. Ministerio de Agricultura y Ministerio de Asuntos Exteriores, 5: 1-25.

Basnizki J., Zohary D., 1994. Breeding of seed planted artichoke. Plant Breeding Reviews, 12: 253-269.

Benoit H., Ducreux G., 1981.Etude de quelques aspects de la multiplication végétative in vitro de l'artichaut (Cynara scolymus L.). Agronomie, 1: 225-230.

Bernal C., Palomares G., Susín I., 2005. Establishment of a germination medium for artichoke pollen and its relationship with seed production. Acta Horticulturae, 681: 291-300.

Bianco V.V., 1990. Carciofo (Cynara scolymus L.). In: Bianco V.V. and Pimpini F.(eds). Orticoltura. Patron Editore, Bologna (in Italian), pp. 209-251.

Bianco V.V., 2005. Present situation and future potential of artichoke in the Mediterranean Basin. Acta Horticulturae, 681: 39-55.

Burt C.K., O'Connor R., Ruehr T., 1998. Fertigation. The irrigation. Training and Research Center. California Polytechnic State University. San Luis Obispo. CA.

Cabezas-Serrano A.B., Amodio M.L., Cornacchia R., Rinaldi R., Colelli G., 2009. Screening quality and browning susceptibility of five artichoke cultivars for fresh-cut processing. Journal of the Science of Food and Agriculture, 89: 2588-2594.

Calabrese N., 2009. AA.VV. Il carciofo e il cardo. Coordinamento scientifico N. Calabrese. Collana Coltura&Cultura. Ed. Script. Bologna, Impianto, pp. 168-171.

Cebolla V., Navarro C., Miguel A., Llorach S., Monfast P., 2004. The control of Verticillium dahliae on artichokes by chemical and non chemical soil disinfestation methods. Acta Horticulturae, 660: 473-478.

Chabbouh N., Cherif C., 1990. Cucumber mosaic virus in artichoke (CMV). FAO Plant Protection Bulletin, 38: 52-53.

Chabbouh N., Cherif C., Martelli G.P., 1990. Natural infections of artichoke by potato virus X in Tunisia. Journal of Phytopathology, 129: 257-260.

Cirulli M., Bubici G., Amenduni M., Armengol J., Berbegal M., Jiménez-Gasco M.M., Jiménez-Díaz R.M., 2010. Verticillium wilt: a threat to artichoke production. Plant Disease, 94: 1176-1187.

Cirulli M., Ciccarese F., Amenduni M., 1994. Evaluation of Italian clones of artichoke for resistance to Verticillium dahliae. Plant Disease, 78: 680-682.

Comunidad Autónoma de la Región de Murcia (CARM). Anuario de Estadística agraria 2012. Disponible en: www.carm.es

Cravero V., Martin E., Crippa I., Lopez Anido F., Maris Garcia S., 2012. Fresh biomass production and partitioning of aboveground growth in the three botanical varieties of Cynara cardunculus L. Industrial Crops and Products, 37: 253-258.

Davey M.W., Van Montagu M., Inze D., Sanmartín M., Kanellis A., Smirnoff N., Benzie I.J.J., Favell D., Fletcher J., 2000. Plant L- ascorbic acid: chemistry, function, metabolism, bioavailability and effects of processing. Journal of the Science of Food and Agriculture, 80: 825-860.

De Candolle A., 1890. Origin of cultivated plants. Ed. Appleton and Company, New York, pp. 233-236.

De Leo P., Greco B., 1976. Nuova tecnica di propagazione del carciofo: coltura in vitro dei meristemi apicali. Atti 2nd Congr. Int. Sul Carciofo, Bari. Ed. Minerva Medica, Torino, pp. 657-667.

Dellacecca V., Magnifico V., Marzi V., Porceddu E., Scarascia G.T., 1976. Contributo alla conoscenza delle varietà di carciofo coltivate nel mondo. Atti II Congresso Internazionale Studi sul Carciofo, Bari. Ed. Minerva Medica, Torino, pp. 199-316.

Devos P., Langhe E., Bruijne E., 1975. Influence of 2,4-D on the propagation of Cynara scolymus L. in vitro. Mededelingen van de Faculteit Landbouwwetenschappen, Rijksuniversiteit Gent., 40: 829-836.

Draoui N., Ghorbel A., Kchouk M.E., 1993. In vitro culture of Globe artichoke (Cynara scolymus L.) in Tunisia: utilization of vitromethods in artichoke improvement. Agricoltura Mediterranea, 123: 139-145.

Espelta J.M; Isart J; Salleras J.M; Murull A; Nadal M; Ros M.A; Fábregues C., 1984. La alcachofa (I parte) Cultivo, plagas y enfermedades. Horticultura, 15: 7-14.

Espín J.C., Veltman R.H., Wichers J.W., 2000. The oxidation of L-ascorbic acid catalysed by pear tyrosinase. Physiologia Plantarum, 109: 1-6.

Esteva Pascual J., Martínez Tomé J., 2002 Estudio comparativo de dos cultivares de alcachofa de semilla de polinización abierta con Blanca de Tudela en la Vega Baja del Segura. Seminario de Especialistas en Horticultura, 10: 53-59.

Export helpdesk- European commission. Estadísticas de comercio 2012. Disponible en: http://exporthelp.europa.eu

Foti S., Mauromicale G., Ierna A., 2005. Response of seed-grown globe artichoke to different levels of nitrogen and water. Acta Horticulturae, 68: 237-242.

Foury C., 1967. Study of the floral biology of the artichoke Cynara scolymus L. with application to selection. Part I (in French). Annales De L'amelioration Des Plantes, 17: 357–373.

Foury C., 1976. L´Artichaut. Ministère Agriculture. Bulletin Technique Information, 311: 415-432.

Fratianni F., Tucci M., De Palma M., Pepe R., Nazzaro F., 2007. Polyphenolic composition in different parts of some cultivars. Food Chemistry, 104: 1282–1286.

Gallitelli D., Rana G.L., Vovlas C., Martelli G.P., 2004. Viruses of globe artichoke: an overview. Journal of Plant Pathology, 86: 267-281.

Gamayo Díaz J., 1996. El cultivo de la alcachofa en las comunidades Valenciana y de Murcia. I Jornadas técnicas de alcachofa. Tudela, Navarra, pp. 69-77.

Gamayo Díaz J., Aguilar A., 1999. Alcachofa "Blanca de Tudela". Ensayo de estacas o zuecas de distinta edad en la Comunidad Valenciana. Navarra Agraria, 32-38.

García M., 1999. Plagas, enfermedades y fisiopatías del cultivo de la alcachofa en la Comunidad Valenciana. Conselleria d'Agricultura i Pesca. Generalitat Valenciana.

García M.C., García M.T., García-Linares M.C., Villarino A., 2000. Verduras y Hortalizas: alimentos funcionales de la dieta. Elaboración de conservas vegetales, 17-31.

García-Martínez N., Andreo-Martínez P., Almela L., 2007a. Characterization of six artichoke cultivars and their suitability for agro-industrial processing. Journal of Food and Nutrition Research, 4: 234-242.

García-Martínez N., Andreo-Martínez P., Almela L., Guardiola L., Gabaldón J.A., 2007b. Microbiological and sensory quality of fresh ready-to-eat artichoke hearts packaged under modified atmosphere. Journal of Food Protection, 5: 740-749.

Gil-Albarellos C., Monfort E., López E., Fernández L., Gómez N., 2011. Normas técnicas de producción integrada. Alcachofa. Conserjería de Agricultura, ganadería y Medio Ambiente. La Rioja, pp. 1-14.

Gil-Izquierdo A., Gil M.I., Conesa M.A., Ferreres F., 2001. The effect of storage temperatures on vitamin C and phenolics content of artichoke (Cynara scolymus L.) heads. Innovative Food Science and Emerging Technologies, 2: 199-202.

Gil-Ortega R., 1996. Selección y mejora de la alcachofa. 1ª Jornadas Técnicas de Alcachofa. Tudela, Navarra, pp. 99-107.

Gil-Ortega R., 1999. Plagas, enfermedades y accidentes de la alcachofa. Hojas Divulgadoras Nº 2098. Ministerio de Agricultura, Pesca y Alimentación. Madrid, pp. 23-25.

Gil-Ortega R., 1999a. El cultivo de la alcachofa. Variedades de semilla. Hojas Divulgadoras Nº 2097. Ministerio de Agricultura, Pesca y Alimentación. Madrid, pp. 1-47.

Goud J.C., Termorshuizen A.J., Blok W.J., Van Bruggen A.H.C., 2004. Long-term effect of biological soil disinfestation on Verticillium wilt. Plant Disease, 88: 688-694.

Harbaoui Y., 1982. Multiplication in vitro et assainissement viral de l'artichaut Cynara scolymus L. Thèse de Doctorat en Sciences Agronomiques. Faculté des Sciences Agronomiques et Biologiques Appliquées de Gent. Belgique.

Harbaoui Y., Smaiyn G., Welvaert W., Debergh P.C., 1982. Assainissement viral de l'artichaut (Cynara scolymus L.) par la culture in vitro d'apex méristématiques. Phytopathologie Méditerrannée, 21: 15-19.

Ihl M., Monsalves M., Bifani V., 1998. Chlorophyllase inactivation as a measure of blanching efficacy and colour retention of artichokes Cynara scolymus L. Lebensmittel Wissenschaft und Technologie, 31: 50-56.

Infoagro, 2012. El cultivo de la alcachofa. Disponible en: http://www.infoagro.com/hortalizas/alcachofa.htm

Informe especial. 2003. La Alcachofa. Navarra Agraria. Disponible en: www.navarraagraria.com/n137/alcacho1.pdf

Instituto Nacional de Estadística (INE). Estadística Agraria 2012. Disponible en: www.ine.es

Iranzo B., 1995. La alcachofa en "el proyecto de hortalizas". Agrícola Vergel, 165: 487- 489.

Jana C., Gutiérrez R., Alfaro V., 2011. Propagación de alcachofas. Un aspecto clave en la producción. Instituto de Investigaciones Agropecuarias. Centro Regional de Investigación Intihuasi. Boletín Nº 222. La Serena, Chile.

La Malfa G., Foury C., 1971. Aspects de la multiplication végétative de l´artichaut dans le bassin occidental de la méditerranée. Pépiniéristes, Horticulteurs, Maraîchers, 114: 19-29.

Larkin P.J., Scowcroft W.R., 1981. Somaclonal variation a novel source of variability from cell culture for plant improvement. Theoretical and Applied Genetics, 60: 197-214.

Lattanzio V., Cardinali A., Di Venere D., Linsalata V., Palmieri S., 1994. Browning phenomena in stored artichoke (Cynara scolymus L.) heads: enzymic or chemical reaction? Food Chemistry, 50: 1–7.

Lattanzio V., Paul A. Kroon P.A., Linsalata V., Cardinali A., 2009. Globe artichoke: A functional food and source of nutraceutical ingredients. Journal of functional foods 1: 131–143.

Linnaeus C., 1753. Species Plantarum, 2: 561-1200

Lo Bianco C., Micozzi F., Jordan J.R., Jordan A., Crinò P., Temperini A., Pagnotta M.A., Saccardo F., 2011. F1 hybrids of globe artichoke of 'Romanesco' type. Acta Horticulturae 942 Vol. 1. VII International Symposium on Artichoke, Cardoon and Their Wild Relatives. Saint Pol de Léon, France.

Lombardo S., Pandino G., Mauromicale G., Knödler M., Carle R., Schieber A., 2010. Influence of genotype, harvest time and plant part on polyphenolic composition of globe artichoke [Cynara cardunculus L. var. scolymus (L.) Fiori]. Food Chemistry, 119: 1175–1181.

Loomis R.S., Connor D.J., 2002. Procesos del nitrógeno. "Ecología de cultivos. Productividad y manejo en sistemas agrarios". Ed. Mundi-Prensa, pp. 215-248.

López J., González A., Vicente F.E., Condés L.F., Fernández J.A., 2007. Artichoke production in the Province of Murcia (SE Spain). Acta Horticulturae, 630: 223-227.

Macua J.I., 1996. Colección de variedades de alcachofa. 1ª Jornadas Técnicas de Alcachofa. Tudela, Navarra, pp. 151-162.

Macua J.I., 2007. New orizons for artichoke cultivation. Acta Horticulturae, 730: 39-48.

Macua J.I., Arce P., López B., 1991. Multiplicación de la alcachofa en el Valle Medio del Ebro. Navarra Agraria, 3-5.

Macua J.I., Lahoz I., Bozal J.M., 2009. Alcachofa "Blanca de Tudela". Influencia de las épocas de plantación en la producción y venta. Navarra Agraria, 175: 27- 30.

Macua J.I., San Martín C., Francés J., 1996. La alcachofa, un cultivo mimado en Navarra. Navarra Agraria. 21-23.

Macua JI., Bozal JM., Lahoz I., Sola E., 1999. Artichoke cv "Blanca de Tudela": trial of different "age" cuttings. Navarra Agraria, 114: 28-31.

Magnífico V., Lattanzio V., 1979. Ritmo di asportazione di elementi nutritivi (N, P e K) nelle diverse fasi del ciclo di una cardiofola. Rivista Di Agronomía, 4: 273-281.

Maroto J.V., 1983. Horticultura herbácea especial. 4ª edición. Ed. Mundi-Prensa. Madrid.

Maroto J.V., 1995. Horticultura herbácea especial. 4ª edición. Ed. Mundi-Prensa. Madrid.

Maroto J.V., 2002. Principales problemas y soluciones para el cultivo de la alcachofa. Vida Rural, 146: 26-28.

Maroto J.V., 2007. Effects of Gibberellic Acid (GA3). Applications on globe artichoke production. Acta Horticulturae, 730: 137-142.

Martínez Serna J.A., 1998. Estudio de precocidad y producción de cuatro variedades de alcachofa cultivadas por semilla y zueca en el primer año de cultivo. Revista de Horticultura, 197: 274-277.

Martínez Serna J.A., Carbonell M., 2007. Estudio comparativo de cultivares de alcachofa de propagación sexual o vegetativa. XXXVII Seminario de Técnicos y Especialistas en Horticultura. Almería, pp. 153–162.

Mauricio L., Leal J., 2011. Efecto de la aplicación de azufre para el control de oidisis “Leveillula taurica” en el cultivo de alcachofa (Cynara scolymus L.) var Imperial Star. Scientia Agropecuaria, 2: 169-176.

Mauro R., Portis E., Acquadro A., Lombardo S., Mauromicale G., Lanteri S., 2009. Genetic diversity of globe artichoke landraces from Sicilian small-holdings: implication for evolution and domestication of the species. Conservation Genetics, 10: 431-440.

Ministerio de Agricultura, Alimentación y Medio ambiente. Anuario de Estadística del MAGRAMA 2012. Disponible en: http://www.magrama.gob.es

Organización de las Naciones Unidas para la Alimentación y la Agricultura. FAOSTAT 2011. Disponible en: http://faostat.fao.org

Parra J., Aguilar A., Gamayo J.D., Ramírez B., Marsal J.I., Calatayud A., 2012. Tratamientos para la prevención y control de la "Roya de cabeza" en alcachofa "Blanca de Tudela". XI Jornadas IVIA sobre actualización en cultivos hortícolas. Valencia.

Pècaut P., Corre J., Lot H y Miglori A., 1985: Intèrêt des plants sains d'artichaut, régénérés par la culture in vitro. Pépiniéristes, Horticulteurs, Maraîchers, 256: 21-26.

Pècaut P., Dumas de Vaulx R., Lot H., 1983. Virus-free clones of globe artichoke (Cynara scolymus) obtained after in vitro propagation. Acta Horticulturae, 131: 303-309.

Peña-Iglesias A., Ayuso-Gonzales P., 1972. Degeneration of Spanish globe artichoke (Cynara scolymus L.) plants. Virus isolation, host range, purification and ultrastructure of infected hosts. Annales de l'Instituto Nacional de Investigaciones Agronomicas, 2: 89-122.

Pignone D., Sonnante G., 2004. Wild artichokes of south Italy: did the story begin here? Genetic Resources and Crop Evolution, 51: 577-580.

Pignone D., Sonnante G., 2009. Origine ed evoluzione. AA.VV. Il cardiofo e il cardo. Coordinamento scientífico N. Calabrese. Collana coltura & coltura. Ed. Script Bologna, pp. 2-11.

Pomares F., 1991. Fertilización nitrogenada, fosforada y potásica en alcachofas en la Comunidad Valenciana. Agrícola Vergel, 623-626.

Pomares F., Tarazona F., Estela M., Bartual R., Arcinaga L., 1995. Response of globe artichoke to nitrogen, phosphorous and potassium fertilizer. Agrochimica, 37: 111-121.

Porta J., López-Acevedo M., Roquero C., 1994. Edafología para la Agricultura y el medio Ambiente. Ed. Mundi- Prensa. Madrid, pp. 807.

Reglamento (CE) N° 396/2005 del Parlamento Europeo y del Consejo, de 23 de febrero de 2005 relativo a los límites máximos de residuos de plaguicidas en alimentos y piensos de origen vegetal y animal y que modifica la Directiva 91/414/CEE del ConsejoTexto pertinente a efectos del EEE.

Reglamento (CE) Nº 1107/2009 del Parlamento Europeo y del Consejo de 21 de octubre de 2009 relativo a la comercialización de productos fitosanitarios y por el que se derogan las Directivas 79/117/CEE y 91/414/CEE del Consejo.

Ricci I., Amodio M.L., Colelli G., 2013. Influence of pre-cutting operations on quality of fresh-cut artichokes (Cynara scolymus L.): Effect of storage time and temperature before cutting. Postharvest Biology and Technology, 85: 124–131.

Rincón L. 1996. Riego y fertilización de la alcachofa en riego por goteo. Jornadas Técnicas de alcachofa. Tudela, Navarra, pp. 191-205.

Rojas C., 2011. Cultivo de alcachofa (Cynara cardunculus sub scolymus L.). Instituto de Investigaciónes Agropecuarias, centro de investigación especializado en agricultura del desierto y altiplano (CIE), INIA URURI, Región de Arica y Parinacota. Ministerio de Agricultura. Informativo n°56, octubre 2011.

Rottemberg A., Zohary D., 1996. The wild ancestry of the cultivated artichoke. Genetic Resources and Crop Evolution, 43: 53-58.

Rottemberg A., Zohary D., 2005. Wild genetic resources of cultivated artichoke. Acta Horticulturae, 681: 307- 301.

Ryder E.J., DeVos N.E., Bari M.A., 1983. The globe artichoke (Cynara scolymus L.). HortScience, 18: 646-653.

Saccardo F., Ancora G., 1984. Il contributo della micropropagazione al miglioramento della coltura del carciofo. Informatore Agrario. Recenti aquisizioni del miglioramento genetico italiano in orticoltura e floricoltura. Ferrara 9/12/1983, pp. 24-26.

Sala F., Carpintero C., 1967. La Alcachofa, Publicaciones del MAPA, Madrid, pp 149.

Schrader W.L., Mayberry K., 1992. “Imperial Star” Artichoke. Hortsciencie, 27: 375-376.

Serrano Z., 2006. La Alcachofa. Ed. Junta de Andalucía, pp. 49-58.

Sonnante G., De Paolis A., Pignone D., 2004. Relationships among artichoke cultivars and some related wild taxa based on AFLP markers. Plant Genetic Resources: Characterization and Utilization, 1: 125–133.

Sonnante G., Pignone D., Hammer K., 2007. The Domestication of Artichoke and Cardoon: From Roman Times to the Genomic Age. Annals of Botany, 1-6.

Trigo M.I., López B., 1984. Influencia del frío en la floración de la variedad de alcachofa "Blanca de España" en relación con la síntesis de sustancias de tipo giberelina. Anales del INIA. Serie Agrícola, 25: 87-105.

USDA, 2013. United States department of agriculture: national nutrient database for standard reference. Disponible en: http://ndb.nal.usda.gov/. [Consulta: 3 de Diciembre 2013]

Vidal J., 2002. Evaluación de los principales procesos de degradación en fluvisoles calcáricos de la Huerta de Murcia. Tesis doctoral del Departamento de Química Agrícola, Geología y Edafología, Universidad de Murcia.

Welvaert W., Van Vaenenberg I., 1981. Recherches sur la dégénération infectieuse en Tunisie. Atti del 2° Congresso Internazionale di Studi sul Carciofo, Bari, pp. 929-942.

Welvaert W., Zitouni B., 1974. Investigation on infectious de generation of artichoke in Tunisia. "Studi sul Carciofo". Atti del 2° Congresso Internazionale di Studi sul Carciofo, Bari, pp. 865-875.

Wiklund A., 1992. The genus Cynara L. (Asteraceae-Cardueae). Botanical journal of the Linnean Society, 109: 75–123.

Zaniboni R., 2009. Ibridi commerciali. AA.VV. Il carciofo e il cardo. Coordinamento scientifico N. Calabrese. Collana Coltura e cultura. Bayer CropScience. Ed. Script, Bologna, pp. 160.

FSC
www.fsc.org
MIX
Papier | Fördert gute Waldnutzung
FSC® C083411

Kolibri 360 GmbH
Ferdinand-Jühlke-Straße 7
99095 Erfurt, Deutschland
produktsicherheit@kolibri360.de

Druck:
CPI Druckdienstleistungen GmbH
im Auftrag der
Kolibri 360 GmbH
Ferdinand-Jühlke-Str. 7
99095 Erfurt